Laufer · Stichwort Maschinentechnik im Bauwesen, Band 1

Meiner lieben Uta
vom Verfasser überreicht,
verbunden mit allen guten Wünschen
für die Zukunft
September 1994
Klaus Laufer

Dr.-Ing. Klaus Laufer

Stichwort Maschinentechnik im Bauwesen

Aufbau und Wirkungsweise der Maschinen – ihre sachgemäße Handhabung und Pflege

Band 1
Kolben-Verbrennungsmotoren, Getriebe, Kupplungen, Bremsen, Drahtseile

Band 2
Wasserhydraulik, Ölhydraulik, Pneumatik

Band 3
Elektrotechnik

BAUVERLAG GMBH · WIESBADEN UND BERLIN

Dr.-Ing. Klaus Laufer

Stichwort Maschinentechnik im Bauwesen

Aufbau und Wirkungsweise
der Maschinen –
ihre sachgemäße Handhabung und Pflege

Band 1
Kolben-Verbrennungsmotoren, Getriebe,
Kupplungen, Bremsen, Drahtseile

BAUVERLAG GMBH · WIESBADEN UND BERLIN

CIP-Kurztitelaufnahme der Deutschen Bibliothek

Laufer, Klaus:
Stichwort Maschinentechnik im Bauwesen : Aufbau u. Wirkungsweise d. Maschinen – ihre sachgemässe Handhabung u. Pflege / Klaus Laufer. – Wiesbaden ; Berlin : Bauverlag

Bd. 1. Kolben-Verbrennungsmotoren, Getriebe, Kupplungen, Bremsen, Drahtseile. – 1982
ISBN 3-7625-1451-8

Druck: Wiesbadener Graphische Betriebe GmbH, Wiesbaden-Kohlheck

ISBN 3-7625-1451-8

Vorwort

Dieses Buch wurde vorwiegend für diejenigen Baufachleute geschrieben, die zwar keine Maschineningenieure sind, aber in ihrem beruflichen Leben ständig mit Maschinen zu tun haben. Auch dem Maschineningenieur selbst kann diese Lektüre nützlich sein, wenn es gilt, seine Kenntnisse da und dort wieder aufzufrischen.

Für den erfolgreichen Umgang mit Maschinen ist es unbedingt notwendig, deren Aufbau und Wirkungsweise genau zu kennen. Einzelheiten der konstruktiven Dimensionierung sind hier unwesentlich und werden nur behandelt, wenn dies zum Verständnis erforderlich ist.

Dieser Leitfaden soll dazu beitragen, das allgemeine Verständnis beim ständigen Wandel der Technik zu fördern. Es wurde alles Wissenswerte über Maschinen zusammengetragen mit den speziellen Anwendungen bei Baumaschinen. Geleitet von dem Wunsche, dem Leser einen grundlegenden Überblick auf den einzelnen Gebieten der Maschinentechnik zu verschaffen, wurde versucht, den Stoff in leicht verständlicher Form darzustellen. Zahlreiche Bilder sollen mithelfen, schnell und umfassend zu informieren.

Im Hinblick auf geringere Reparaturanfälligkeit, höhere Lebensdauer und damit größere Wirtschaftlichkeit, ist nichts wichtiger, als das richtige Gefühl für die Maschinen ständig weiter zu entwickeln. Jeder der erfolgreich mit Maschinen umgeht, weiß, wie seinen Geräten "zumute" ist, wenn sie unter verschiedenen Umständen arbeiten müssen.

Das Buch entstand nach Vorlesungen, die der Verfasser an der Universität Karlsruhe (TH) gehalten hat.

Inhaltsverzeichnis

1 Über die Anwendung von Maßeinheiten

Die internationalen Bemühungen, ein einheitliches Maßsystem zu benutzen, führte im Jahre 1978 zur gesetzlichen Einführung der sog. SI-Einheiten (Systeme Internationale d'Unités). Dennoch werden die altgewohnten Maßeinheiten nach wie vor häufig angewendet, so daß wir, die wir in dieser Übergangszeit leben, gezwungen sind, verschiedene Maßsysteme nebeneinander zu beherrschen.

Es wird wahrscheinlich noch eine längere Zeit dauern, bis man sich beispielsweise an die Krafteinheit Newton gewöhnt hat. Die meisten von uns denken noch immer in Kilopond. Ähnlich lange hat es gedauert, bis man

Tabelle 1.1 Basisgrößen des SI-Systems

Physikalische Größe	Einheit	
	Name	Kurzzeichen
Länge	Meter	m
Masse	Kilogramm	kg
Zeit	Sekunde	s
elektrische Stromstärke	Ampere	A
Temperatur*)	Kelvin	K
Lichtstärke	Candela	cd

*) In der Eisen- und Stahlindustrie wird weiterhin die Celsius-Temperaturskala beibehalten.

Tabelle 1.2 Vorsätze und deren Kurzzeichen

Name der Vorsilbe	Kurzzeichen	Zehnerpotenz	Name der Vorsilbe	Kurzzeichen	Zehnerpotenz
Deka	da	10^{1}	Dezi	d	10^{-1}
Hekto	h	10^{2}	Zenti	c	10^{-2}
Kilo	k	10^{3}	Milli	m	10^{-3}
Mega	M	10^{6}	Mikro	μ	10^{-6}
Giga	G	10^{9}	Nano	n	10^{-9}
Tera	T	10^{12}	Piko	p	10^{-12}

konsequent zwischen Kilogramm und Kilopond unterschieden hat. Mittlerweile ist das für jeden technisch gebildeten Menschen zur selbstverständlichen Gewohnheit geworden. So wird das auch mit anderen Einheiten geschehen, die in Abweichung zum internationalen Maßsystem heute noch verwendet werden.

Tabelle 1.3 Kraft SI-Einheit: Newton

	kp	J/cm	N
1 kp	1	0,0981	9,81
1 J/cm	10,2	1	100
1 N	0,102	0,01	1

Der genaue Umrechnungsfaktor beträgt: 1 kp = 9,80665 N

Tabelle 1.4 Mechanische Spannung (Festigkeit)

SI-Einheit: $\frac{\text{Newton}}{\text{Quadratmillimeter}}$

	kp/mm^2	kp/cm^2	N/mm^2
1 kp/mm^2	1	100	9,81
1 kp/cm^2	0,01	1	0,0981
1 N/mm^2	0,102	10,2	1

Tabelle 1.5 Druck Weitere gesetzl. Einheiten: Bar, Newton/Quadratmillimeter*)
SI-Einheit: Pascal

	at	Torr	mm WS	bar	N/mm^2	Pa
1 at (= 1 kp/cm^2)	1	736	10^4	0,981	0,0981	$9{,}81 \cdot 10^4$
1 Torr (= 1 mm HG)	$1{,}36 \cdot 10^{-3}$	1	13,6	$1{,}333 \cdot 10^{-3}$	$1{,}33 \cdot 10^{-4}$	133,3
1 mm WS (= 1 kp/m^2)	10^{-4}	0,0736	1	$9{,}81 \cdot 10^{-5}$	$9{,}81 \cdot 10^{-6}$	9,81
1 bar (= 0,1 MPa)	1,02	750	$1{,}02 \cdot 10^4$	1	0,1	10^5
1 N/mm^2 (= 10 bar)	10,2	$7{,}5 \cdot 10^3$	$1{,}02 \cdot 10^5$	10	1	10^6
1 Pa (= 1 N/m^2)	$1{,}02 \cdot 10^{-5}$	$7{,}5 \cdot 10^{-3}$	0,102	10^{-5}	10^{-6}	1

*) Als Einheit zur Verwendung in der Eisen- und Stahlindustrie empfohlen.

Tabelle 1.6 Energie, Arbeit, Wärmemenge SI-Einheit: Joule, weitere gesetzliche Einheit: Kilowattstunde

	kcal	kpm	kWh	J Nm Ws
1 kcal	1	427	$1{,}16 \cdot 10^{-3}$	$4{,}19 \cdot 10^{3}$
1 kpm	$2{,}34 \cdot 10^{-3}$	1	$2{,}72 \cdot 10^{-6}$	9,81
1 kWh	860	$3{,}67 \cdot 10^{5}$	1	$3{,}6 \cdot 10^{6}$
1 J = 1 Nm = 1 Ws	$2{,}39 \cdot 10^{-4}$	0,102	$2{,}78 \cdot 10^{-7}$	1

Tabelle 1.7 Leistung SI-Einheit: Watt

	kpm/s	PS	kcal/s	kcal/h	kW	W J/s Nm/s
1 kpm/s	1	0,0133	$2{,}34 \cdot 10^{-3}$	8,43	$9{,}81 \cdot 10^{-3}$	9,81
1 PS	75	1	0,176	632	0,736	736
1 kcal/s	427	5,69	1	3600	4,19	$4{,}19 \cdot 10^{3}$
1 kcal/h	0,119	$1{,}58 \cdot 10^{-3}$	$2{,}778 \cdot 10^{-4}$	1	$1{,}16 \cdot 10^{-3}$	1,16
1 kW	102	1,36	0,239	860	1	1000
1 W = 1 J/s = Nm/s	0,102	$1{,}36 \cdot 10^{-3}$	$2{,}39 \cdot 10^{-4}$	0,860	0,001	1

Die vorliegende Lektüre wird der aktuellen Situation dadurch gerecht, daß da, wo es im Text notwendig erscheint, sowohl die altüblichen Einheiten als auch die neuen SI-Einheiten mitangegeben werden. Auch heute noch sind die alten Maßsysteme dem überwiegenden Teil der im Gebrauch befindlichen Literatur zugrunde gelegt. Schließlich ist es nicht so, daß die alten Einheiten grundsätzlich verboten wären. Das Gesetz schreibt die neuen SI-Einheiten nur für den amtlichen und wirtschaftlichen Verkehr zwingend vor.

Das SI-System orientiert sich an sechs physikalischen Grundgrößen (Tabelle 1.1). Zum Rechnen in den verschiedenen Größenordnungen sind Vorsätze nach Tabelle 1.2 vereinbart. Zur Erleichterung der Umrechnung der alten Einheiten in die neuen dienen die Tabellen 1.3 bis 1.7.

Tabelle 1.8 Gegenüberstellung der wichtigsten SI-Einheiten zu den bisherigen Bezeichnungen

Größe	Alte Bezeichnungen (Außer magnetischen Einheiten zugelassen bis zum 31.12.1977)	Kurz-zeichen	Neue Einheit im SI-System	Kurz-zeichen	Beziehung zu Basisgrößen des SI-Systems
Kraft	Kilopond	kp	Newton	N	$1\ N = 1\ \frac{kg \cdot m}{s^2}$
Mechanische Spannung (Festigkeit)	$\frac{\text{Kilopond}}{\text{Quadratmillimeter}}$	$\frac{kp}{mm^2}$	$\frac{\text{Newton}}{\text{Quadratmillimeter}}$	$\frac{N}{mm^2}$	$1\ \frac{N}{mm^2} = 1\ \frac{kg \cdot m}{s^2 \cdot 10^{-6}\ m^2}$
Druck	$\frac{\text{Kilopond}}{\text{Quadratzentimeter}}$ Atmosphäre Millimeter Wassersäule Millimeter Quecksilbersäule	$\frac{kp}{cm^2}$ at WS Torr	Pascal oder $\frac{\text{Newton}}{\text{Quadratmillimeter}}$	Pa $\frac{N}{mm^2}$	$1\ Pa = 1\ \frac{kg \cdot m}{s^2 \cdot m^2}$ $1\ \frac{N}{mm^2} = 1\ \frac{kg \cdot m}{s^2 \cdot 10^{-6}\ m^2}$
Energie, Arbeit, Wärmemenge	Kalorie Kilopondmeter	cal kpm	Joule	J	$1\ J = 1\ \frac{kg \cdot m^2}{s^2}$
Leistung	$\frac{\text{Kilopond Meter}}{\text{Sekunde}}$ Pferdestärke	$\frac{kp\ m}{s}$ PS	Watt	W	$1\ W = 1\ \frac{kg \cdot m^2}{s^3}$

2 Kolben-Verbrennungsmotoren

Kolben-Verbrennungsmotoren sind Wärmekraftmaschinen, die durch Verbrennung eingeschlossener zündfähiger Gemische Wärmeenergie unmittelbar in der Maschine in mechanische Arbeit verwandeln (innere Verbrennung), im Unterschied zu Dampfkraftmaschinen, bei denen die Wärme durch äußere Verbrennung dem Arbeitsmedium (Wasser) mitgeteilt wird. Neben den E-Motoren sind es im Augenblick und auch für die nahe Zukunft die wichtigsten Antriebe für Baumaschinen.

2.1 Energie aus Kraftstoff

Kraftstoff ist auch heute noch der weitaus beste Energiespeicher, den wir kennen. Alle Bemühungen, Energien wirtschaftlich und bequem zu speichern, sind bislang kümmerlich verlaufen. Bekannt sind die großen Anstrengungen, die man zur Zeit unternimmt, elektrische Energie in Akkumulatoren mit gesteigerter Kapazität zu speichern. Die Ergebnisse sind mit den Eigenschaften fossiler Kraftstoffe bei weitem nicht zu vergleichen. Es gibt einfach keinen Energiespeicher in unserer Zeit, der so billig, kompakt, beweglich, beständig und unabhängig wäre wie Kraftstoff.

Wir leben noch immer im Verbrennungszeitalter und verheizen in wenigen Jahren Energien, die die Natur in Jahrmillionen angehäuft hat. Im wesentlichen handelt es sich um Sonnenenergie, die in den Pflanzen gespeichert wurde und durch das Zusammentreffen bestimmter Voraussetzungen uns bis heute in Form von Öl, Kohle oder Gas erhalten blieben.

2.2 Energieumwandlung

Die in den Kraftstoffen gespeicherte Energie wird bei der Verbrennung in Form von Wärme frei. Die in nur einem Kilogramm Kraftstoff verborgene Energie ist erstaunlich groß. Für Dieselöl beträgt sie rund 10.000 kcal/kg bzw. $419 \cdot 10^5$ J/kg. Bei vollständiger Umwandlung in mechanische Energie wären das $10.000 \cdot 427$ kpm = $4{,}19 \cdot 10^7$ Nm. Das bedeutet, daß in 1 kg Dieselöl soviel Energie steckt, wie nötig wäre, um die Masse von 4.270 Tonnen 1.000 Meter hoch zu heben.

Leider ist es nicht möglich, die Verwandlung von Wärme in mechanische Energie mit Hilfe der heute bekannten Wärmekraftmaschinen vollständig durchzuführen. Die Ausbeute ist sogar sehr bescheiden. Der Dieselmotor liegt mit 35 bis 40% an der Spitze. Ottomotoren liegen mit 25 bis 30% merklich darunter. Die besten Wärmekraftmaschinen sind noch immer die von der Natur geschaffenen. Tierische Lebewesen verwerten ihre Nahrung bei der Verbrennung zu 98%. Alle technischen Wärmekraftmaschinen verdanken

Tabelle 2.1 Heizwerte einiger Kraftstoffe. Es sind dabei die unteren Heizwerte angegeben.

Flüssige Kraftstoffe		
	kcal/kg	10^6 J/kg
Markenbenzin	9800 – 10500	41 – 50
Marken-Super	10200	42,7
Dieselkraftstoff	9700 – 10600	40,6 – 44,4
Benzol, rein	9600	40,2
Äthanol	6400	26,8
Methanol	4700	19,8
Gasförmige Kraftstoffe		
	kcal/Nm³	10^6 J/kg
Erdgas	7000 – 10000	29,3 – 41,9
Wasserstoff	2570	10,8
Methan	8550	35,8
Äthan	15370	64,3
Propan	22350	93,6
Butan	29510	123,6
Feste Kraftstoffe		
	kcal/kg	10^6 J/kg
Steinkohle	6000 – 7500	25 – 32
Steink.-Schwelkoks	6700	28
Braunk.-Schwelkoks	5700	23,9

ihre Beliebtheit nicht ihren eigenen Qualitäten – ihre Wirkungsgrade sind alle recht bescheiden – sondern dem idealen Energiespeicher, der in Form fossiler Kraftstoffe für ihren Antrieb zur Verfügung steht.

2.3 Arbeitsweise

Das brennbare Kraftstoff-Luftgemisch wird im Inneren eines Arbeitszylinders entzündet und verbrannt. Die freiwerdende Verbrennungswärme erhöht den Druck der vorverdichteten Gase. Dadurch wird über den bewegten Kolben mechanische Arbeit an die Kurbelwelle abgegeben. Nach jedem Arbeitshub werden die verbrannten Gase gegen frisches Kraftstoff-Luftgemisch ausgetauscht. Man unterscheidet Diesel- und Ottomotoren, die jeweils entweder nach dem Viertakt- oder nach dem Zweitaktverfahren arbeiten, wobei unter Takt ein Kolbenhub verstanden wird, d.h., auf eine Kurbelwellenumdrehung kommen zwei Takte. Die Unterscheidungsmerkmale sind in Tabelle 2.2 und 2.3 zusammengefaßt.

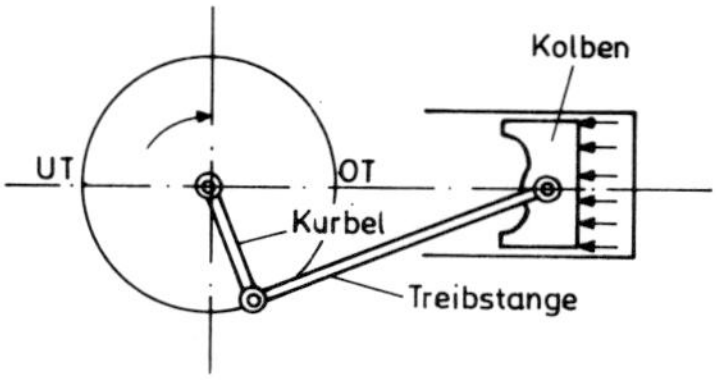

Bild 2.1 Prinzip einer Kolben-Verbrennungsmaschine

Tabelle 2.2 Unterscheidungsmerkmale beim Otto- und Dieselmotor

	Otto-Motor	Diesel-Motor
Zündung	Fremdzündung (Zündkerze)	Selbstzündung
Gemischbildung	äußere	innere
Kraftstoff	Leichtöl	Schweröl
Kraftstoffzufuhr	Vergasung bzw. Verdampfung	Einspritzung
Kraftstoffverbrauch	höher	geringer
Verdichtungsverhältnis	Niederdruck 5 – 9 Mitteldruck 8 – 12	Hochdruck 11 – 24
Abgase	giftig	umweltfreundlich

2.3.1 Viertaktverfahren

Der Viertaktmotor benötigt für ein Arbeitsspiel zwei Kurbelwellenumdrehungen:

1. Takt: Einsaugen frischer Ladung
2. Takt: Verdichtung
3. Takt: Zündung – Verbrennung – Expansion
4. Takt: Ausschieben der Abgase.

Tabelle 2.3 Vor- und Nachteile beim Vier- und Zweitakter

	Viertakter	Zweitakter
Vorteile	geringer Kraftstoffverbrauch, da Arbeitsweise durch Ventile genau geregelt geringere Kühlprobleme	einfacher Aufbau, besonders mit Kurbelhammer-Lader, keine Ventile und Steuerungsorgane – billigere Herstellung größere Hubraumleistung, geringeres Leistungsgewicht Drehmoment gleichförmiger, kleines Schwungrad
Nachteile	Triebwerk nur halb genutzt, da 2 Umdrehungen pro Arbeitsspiel Drehmoment ungleichförmiger, großes Schwungrad	höherer Kraftstoffverbrauch, da Spül- und Ladeverluste beim Vergaserbetrieb höhere Wärmebelastung wegen der fehlenden Leerhübe Schmiermittelzusatz im Kraftstoff

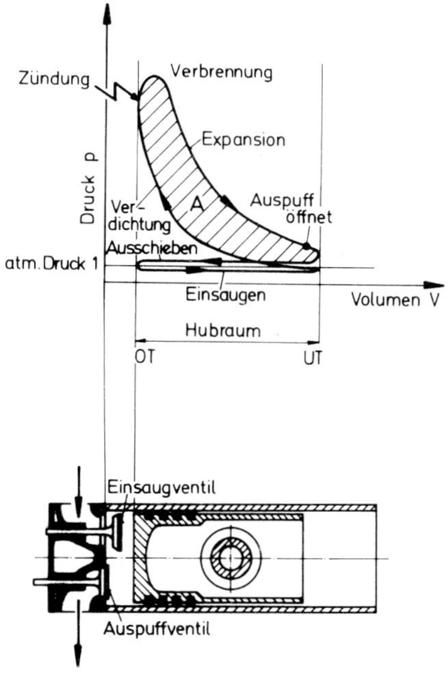

Bild 2.2 Arbeitsverfahren des Viertakt-Motors

Jeder einzelne Takt wiederholt sich bei jeder zweiten Umdrehung. Daher dreht sich die Steuerwelle (Nockenwelle), die das Öffnen und Schließen der Ventile zu betätigen hat, mit der halben Motordrehzahl.

Viertaktmotoren weisen Ventilsteuerungen auf. Die Betätigung der Ventile im Takt der Kolbenbewegung geschieht direkt oder über Stoßstangen durch die Nockenwelle, die mittels Zahnrad, Zahnriemen oder Kette von der Kurbelwelle angetrieben wird. Bei direkter Betätigung liegt die Nockenwelle im Zylinderkopf (obenliegende Nockenwelle für schnellaufende Motoren), bei Stoßstangenbetätigung im Kurbelgehäuse.

Bild 2.2 zeigt den Gasdruck im Zylinder während eines Arbeitsspiels, wie das beispielsweise auf dem Prüfstand als sog. Indikatordiagramm aufgezeichnet werden kann.

Die Zufuhr der Wärme Q_{zu} erfolgt durch Verbrennung des Kraftstoff-Luftgemisches im Zylinder. Durch Ausschieben der heißen Verbrennungsgase wird aber dem Prozeß wieder die Wärme Q_{ab} entzogen, so daß nur die Differenz dieser beiden Wärmemengen in mechanische Arbeit A umgewandelt werden kann.

$$A = Q_{zu} - Q_{ab} \qquad \text{(Gl. 2.1)}$$

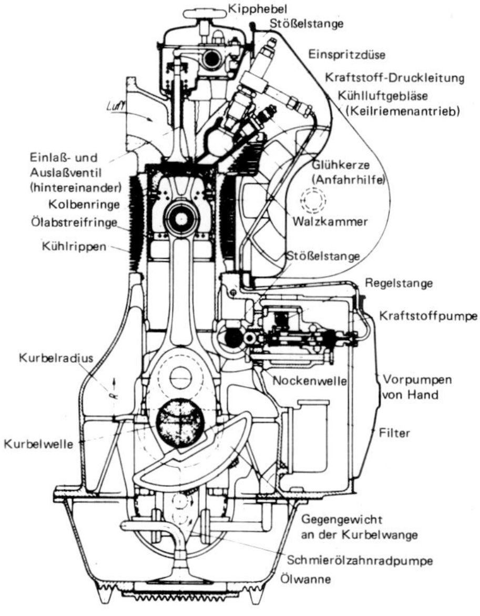

Bild 2.3 Luftgekühlter Viertakt-Dieselmotor (Klöckner-Humboldt-Deutz AG, Köln)

Daraus ergibt sich ein thermischer Wirkungsgrad mit

$$\eta_{th} = \frac{Q_{zu} - Q_{ab}}{Q_{zu}} = \frac{A}{Q_{zu}} \qquad \text{(Gl. 2.2)}$$

Die zur Verfügung stehende mechanische Arbeit ist durch die geschraffte Fläche im p, V-Diagramm dargestellt. Alle Bemühungen müssen daher darauf gerichtet sein, diese Fläche möglichst groß zu machen. Rudolf Diesel hat als erster erkannt, daß dies in erster Linie nur möglich ist, wenn mit hohen Drücken gefahren wird. Tatsächlich sind Dieselmotoren diejenigen Brennkraftmaschinen, die den Kraftstoff weitaus am besten ausnutzen.

2.3.2 Zweitaktverfahren

Der Zweitakt-Motor leistet bei jeder Umdrehung der Kurbelwelle einen Arbeitstakt:

1. Takt: Verdichtung
2. Takt: Zündung – Verbrennung – Expansion – Auspuff – Spülung – frische Füllung.

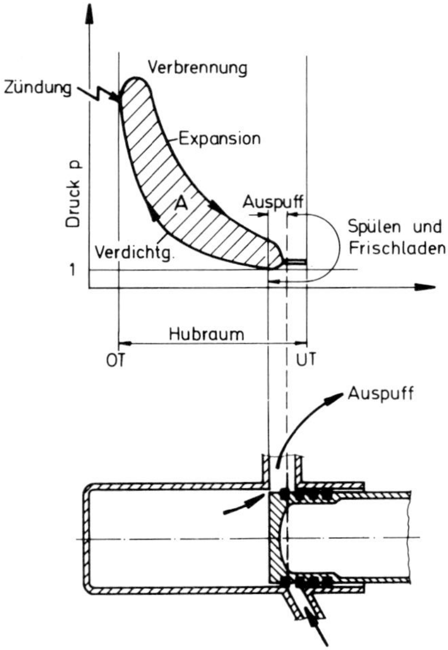

Bild 2.4 Arbeitsverfahren des Zweitakt-Motors

Eine Steuerwelle zur Betätigung von Ventilen entfällt, da der Zweitakt-Motor keine Ventile benötigt. Beim Dieselmotor ist allerdings eine mit Motordrehzahl laufende Steuerwelle notwendig, um die Einspritzpumpe zu bedienen.

Bild 2.4 zeigt das Arbeitsverfahren des Zweitakt-Motors, der die beiden Takte des Einsaugens und Ausschiebens spart. Der Wechsel des Zylinderinhaltes (Ladungswechsel) findet im Bereich des unteren Totpunktes (UT) statt, indem frisches Gas in den Zylinder gedrückt und dabei das verbrannte Gas hinausgeschoben wird. Der Gaswechsel wird über Schlitze im Zylinder gesteuert, die durch den auf- und abgehenden Kolben geöffnet oder geschlossen werden.

Bei Kleinmotoren mit geschlossenem Kurbelgehäuse wird die Kolbenunterseite als Ladepumpe verwendet. Große Einheiten besitzen ein angehängtes oder auch getrennt angetriebenes Gebläse.

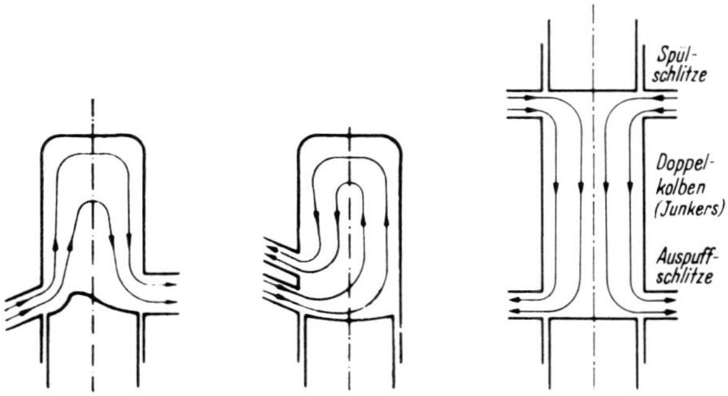

Bild 2.5 Spülverfahren beim Zweitakt-Motor
links: Querspülung, Mitte: Umkehrspülung, rechts: Gleichstromspülung

Man unterscheidet drei Grundformen der Spülverfahren (Bild 2.5):

1. Querspülung
Einlaß- und Ausstoßkanal liegen einander gegenüber. Die besondere Form der Kolbennase veranlaßt die Frischladung, sich in Pfeilrichtung zu bewegen.

2. Umkehrspülung
Der besondere Vorteil dieses Spülverfahrens ist der, daß der Kolbenboden durch die eintretende kalte Ladung kühl geblasen wird.

3. Gleichstromspülung
Die Abgase werden in Längsrichtung aus dem Zylinder geschoben. Die Anwendung hat sich bei Doppelkolbenmotoren besonders gut bewährt.

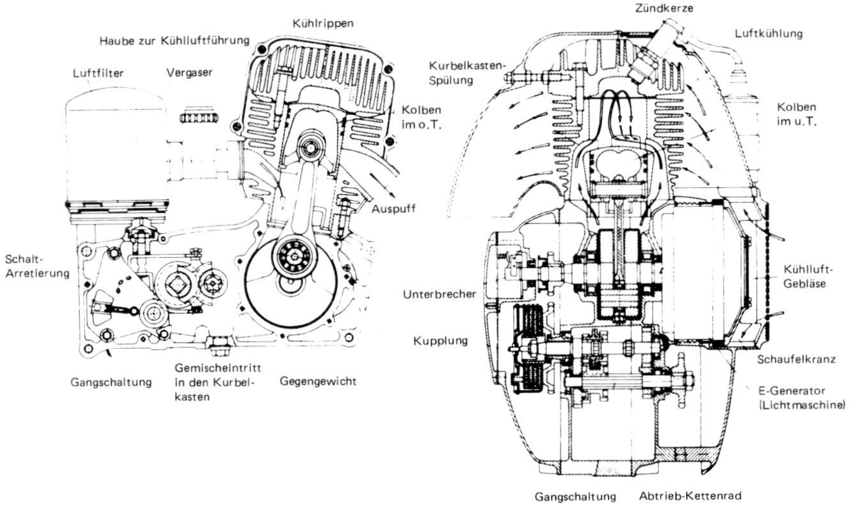

Bild 2.6 Zweitakt-Ottomotor mit Kurbelkastengebläse (Fichtel & Sachs, Schweinfurt)

2.3.3 Otto-Motor

Beim Otto-Motor wird fertiges, zündfähiges Kraftstoff-Luftgemisch in den Zylinder eingeleitet und verdichtet. Die Verbrennung wird durch zeitlich gesteuerte Fremdzündung (elektrischer Funken einer Zündkerze) eingeleitet. Die Verdichtung darf aber nicht zu hoch getrieben werden, da sonst die Gefahr der Selbstzündung vor Vollendung des Verdichtungshubes besteht.

Beim **Vergaser-Ottomotor** wird flüssiger Kraftstoff außerhalb des Arbeitszylinders mit Hilfe eines Vergasers der Luft beigemischt.
Beim **Einspritz-Ottomotor** wird der Kraftstoff direkt in den Arbeitszylinder oder in den Ausgangsstutzen eingespritzt.

2.3.4 Diesel-Motor

Beim Diesel-Motor wird ausschließlich Luft im Zylinder verdichtet. Der Verdichtungsenddruck ist jedoch so hoch (etwa 30 bar), daß dabei die Zündtemperatur überschritten wird. Deswegen darf der Kraftstoff erst kurz vor Erreichen des oberen Totpunktes eingespritzt werden. Fremdzündung ist also nicht erforderlich, allenfalls bei kaltanlaufendem Motor, um die ersten Takte zu sichern.

Da der Kraftstoff nicht gas- bzw. dampfförmig eingeführt zu werden braucht, ist das Dieselverfahren im Gegensatz zum Ottoverfahren für schwerflüchtige Mineralöle (Dieselöl) geeignet.
Um den hohen Gasdrücken im Innern gerecht zu werden, sind Dieselmotoren sehr schwer gebaut, gelten dafür aber als sehr langlebig.

2.4 Gemischbildung

Während beim Vergasermotor das Gemisch aus Kraftstoff und Luft fertig und zündfähig dem Motor von außen zugeführt wird, ist die Gemischbildung beim Dieselverfahren problematisch. Hier wird der Kraftstoff in flüssiger Form dem Motor eingespritzt. In kürzester Zeit (1/1000 – 1/300 s) muß nun eine innige Vermischung mit der bereits verdichteten und unter Zündtemperatur stehenden Verbrennungsluft erfolgen, derart, daß jedes Kraftstoffteilchen auch die nötige Menge an Sauerstoff findet, um vollständig zu verbrennen. Dieses Problem stellt eine echte Herausforderung an den Konstrukteur dar. Es ist daher nicht verwunderlich, wenn die Lösung dieser Aufgabe ihren Niederschlag in verschiedenen Verfahren findet, die sich wiederum in vielfältigen Nuancen der konstruktiven Auffassung unterscheiden. Folgende Grundmaßnahmen für eine günstige Gemischbildung haben sich durchgesetzt:

Luftüberschuß

Da die Gemischbildung beim Dieselmotor erst kurz vor und während der Verbrennung erfolgt, kann ein ideales Gelingen nicht erwartet werden. Um einer unvollkommenen Verbrennung vorzubeugen, arbeitet man demzufolge mit Luftüberschuß. Es wird also mehr Luft in den Motor eingeleitet, als zur vollständigen Verbrennung des Kraftstoffes notwendig wäre (bis zu

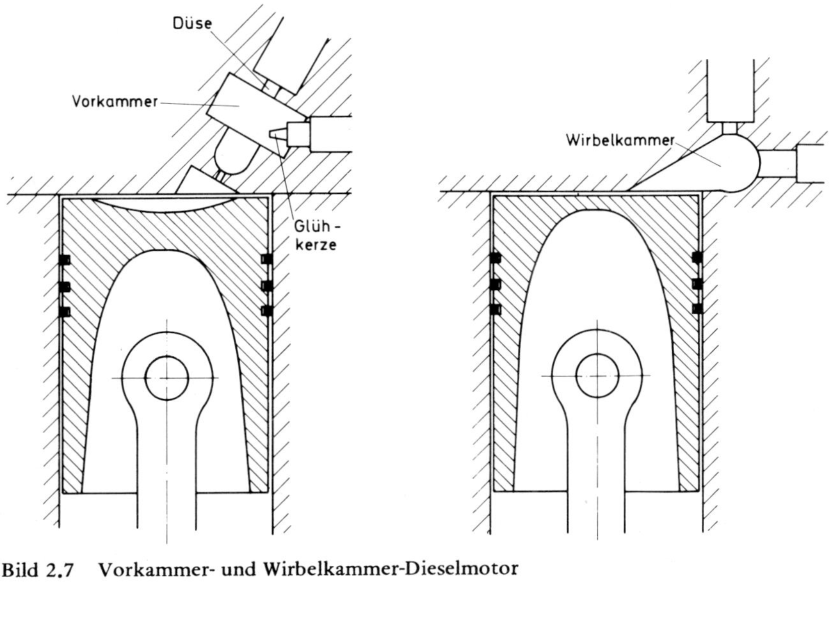

Bild 2.7 Vorkammer- und Wirbelkammer-Dieselmotor

100%). Dies wirkt sich natürlich nachteilig auf die Hubleistung aus. Es werden zusätzliche Luftmassen nutzlos mitgeschleppt, die zudem als Wärmeträger Verluste verursachen.

Wirbelbildung

Durch spiralförmige Ausbildung des Saugrohrs wird beim Saughub der eindringenden Luft ein Drall mitgeteilt, so daß sie zusammen mit dem Kraftstoff ein rotierendes Gemenge bildet und die intensive Vermischung begünstigt.

Vorkammer

Hier ist ein kleiner Teil des Verbrennungsraumes vom Hauptraum durch eine Verengung verbunden. Der Kraftstoff verbrennt in der Vorkammer unter Luftmangel zunächst unvollkommen. Der entstehende Überdruck bläst unter heftiger Wirbelbildung in den luftreichen Hauptstrom hinüber und fördert so die feine Zerstäubung des Kraftstoffes. Bei diesem Verfahren wird ein weicher Druckanstieg bei der Verbrennung erreicht.

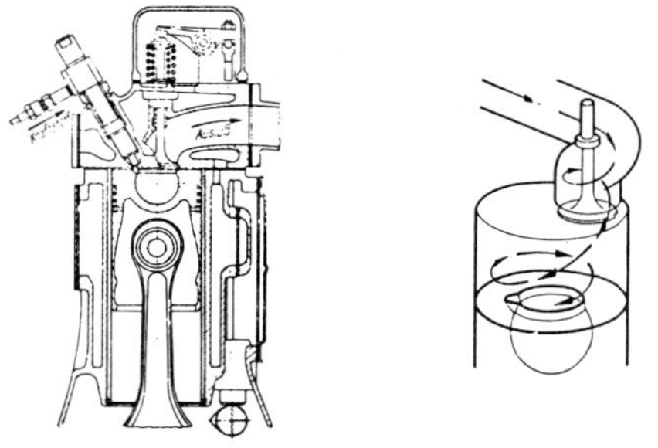

Bild 2.8 MAN-M-Verfahren

Wirbelkammer

Dieses Verfahren ist eigentlich als eine Variante des Vorkammerprinzips zu sehen. Der gemischverbessernde Wirbel wird in einer Kammer während des Verdichtungshubes dadurch erzeugt, daß die gesamte Verbrennungsluft mit hoher Geschwindigkeit einströmt und Wirbel bildet. Ähnlich ist das Wälzkammerverfahren (Bild 2.3).

M-Verfahren

Der Brennraum ist als kugelige Aussparung im Kolben ausgebildet. Beim Einspritzen wird die Wand mit Kraftstoff ausgekleidet, der augenblicklich verdampft und dem Kolben dabei noch willkommene Kühlung verschafft. Die Gemischbildung in der Dampfphase zusammen mit dem rotierenden Wirbel der Verbrennungsluft kann als nahezu ideal bezeichnet werden. M-Motoren kommen daher mit nur 10% Luftüberschuß aus. Sie sind kraftstoffunempfindlich und können auch mit noch schwereren Kraftstoffen als Dieselöl betrieben werden (Vielstoff-Motor).

2.5 Leistung

Die effektive Motorleistung, die an der Kurbelwelle zur Verfügung steht, wird von folgenden Größen bestimmt:

Bezeichnung	Symbol	Dimension
Anzahl der Zylinder	z	–
Hubraum	v_h	m^3
Kraftstoffheizwert (unterer)	H_u	kcal/kg bzw. J/kg
Gemisch	G	m^3 Gemisch/kg Kraftst.
thermischer Wirkungsgrad	η_{th}	–
Füllungsgrad	η_L	–
mechanischer Wirkungsgrad	η_m	–
Anzahl der Arbeitstakte pro Minute	n_a	1/min

Die aufgeführten Größen beeinflussen die Motorleistung in proportionaler Weise, was durch einfache Überlegung sehr leicht nachgeprüft werden kann. Man erhält als Ausdruck:

für Leistung in PS und H_u in kcal/kg

$$P_{eff} = z \cdot V_h \cdot \left(\frac{427\, H_u \cdot \eta_{th} \cdot \eta_L}{G}\right) \cdot \frac{n_a}{60 \cdot 75} \quad [PS] \qquad (Gl.\ 2.3)$$

für Leistung in kW und H_u in J/kg

$$P_{eff} = z \cdot V_h \cdot \left(\frac{1{,}79 \cdot 10^6 \cdot H_u \cdot \eta_{th} \cdot \eta_L}{G}\right) \cdot \frac{n_a}{60 \cdot 314 \cdot 10^3} [kW] \qquad (Gl.\ 2.4)$$

Die Höhe der Leistung kann am einfachsten durch entsprechende Wahl der Zylinderanzahl, des Hubraums und der Drehzahl dimensioniert werden. Darüber hinaus kann die Hubraumleistung durch künstliches Aufladen (Vergrößerung des Füllungsgrades) wesentlich erhöht werden, worauf in Abschnitt 2.8 noch näher eingegangen wird.

Die Leistungsangabe in PS führt oftmals zu Mißverständnissen, da in der Regel die PS-Leistung amerikanischer Motoren in SAE, die der deutschen aber nach DIN angegeben werden. Die Verwirrung ist umso größer, da die Leistungseinheiten dem Betrage nach nahezu übereinstimmen.

$$1.014 \text{ SAE HP} = 1 \text{ DIN PS} \qquad (Gl.\ 2.5)$$

Der Unterschied ist vielmehr in den verschiedenen Meßmethoden zu suchen. Ein Vergleich zwischen DIN PS und SAE PS erfordert die Zurückführung auf den gleichen Bezugs- und Ausrüstungszustand. Bei der Messung nach DIN müssen alle kraftverzehrenden Hilfsaggregate wie

Ventilator
Wasserpumpe
Ansaugfilter
Einspritzpumpe
Lichtmaschine

mit einbezogen werden. Nach SAE wird dagegen die volle Leistung des nackten Motors ohne Zusatzaggregate gemessen. Daher kommt es, daß die SAE-Leistung 10 – 25% über der DIN-Leistung liegt. Ein fester Umrechnungsfaktor läßt sich nicht angeben, weil der Leistungsbedarf der Ausrüstungsteile sehr verschieden sein kann.

PS- bzw. kW-Angaben stellen gewöhnlich die sogenannte "**Dauerleistung**" dar. Das ist die an der Schwungscheibe gemessene größte Nutzleistung, die der Motor dauernd abgeben kann, ohne daß die Wärmebeanspruchung unzulässig überschritten wird. Daneben gibt es noch die sog. "**Höchstleistung**", die der Motor, ohne Schaden zu nehmen, mindestens 15 Minuten lang aushalten muß. Dabei wird der Motor mit bis zur Rauchgrenze erhöhter Kraftstoffmenge betrieben.

2.6 Kühlung

Kühlung bedeutet Energieverlust, da entgegen der eigentlichen Absicht dem Arbeitsprozeß fortlaufend Wärme zur Unzeit entzogen wird. Dennoch muß gekühlt werden, zwecks Erhaltung des Schmierfilms und um der Wände willen, da die Werkstoffestigkeiten bei Temperaturüberhöhung stark nachlassen.*

Bei der **Verbrennung** können in den Zylindern Temperaturen von über 1600 °C erreicht werden. Ungefähr ein Drittel dieser Verbrennungswärme wird zur Arbeitsleistung in mechanische Energie umgewandelt. Ein weiteres Drittel wird durch den Auspuff ausgestoßen. Der Rest muß vom Kühlsystem aufgenommen und abgeführt werden. Kühler sind daher so konstruiert, daß sich die Wärmeabgabe mit der Wärmeaufnahme deckt.

---

*) Es sind Entwicklungen im Gange, die wärmebeanspruchten Motorteile (Zylinder, Kolben) aus keramischen Stoffen zu fertigen, die auch höchste Temperaturen spielend ertragen. Doch kann auch dabei nicht vollständig auf Schmierung verzichtet werden, da es kaum gelingen dürfte, auf Metallteile ganz zu verzichten. Eine Serienfertigung ist vor dem Jahre 1985 kaum zu erwarten.

Man unterscheidet luft- und flüssiggekühlte Motoren. Die **Luftkühlung** wird von einem Gebläse (Lüfterrad) unterstützt, das von der Kurbelwelle angetrieben wird. Der erforderliche Luftdurchsatz ist beim Betrieb durch die Motordrehzahl geregelt. Leitkanäle und Kühlrippen unterstützen die Gebläsewirkung.

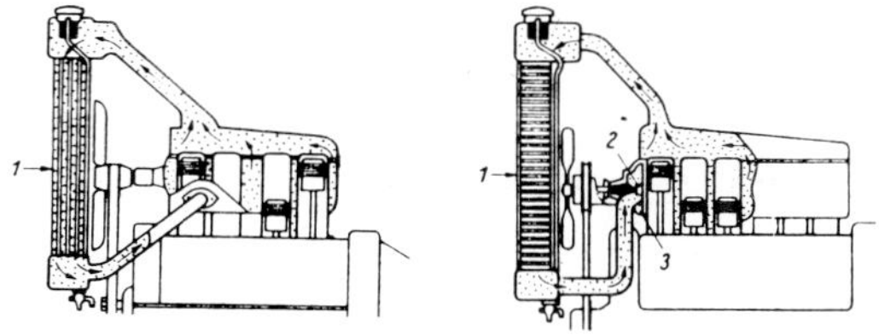

Bild 2.9 Wassergekühlter Motor

1 Kühler
2 Schaufelrad
3 Kühlwasserpumpe

Bei der **Flüssigkeitskühlung** sind Zylinder und Zylinderkopf doppelwandig ausgeführt. Der Zwischenraum wird ständig von Wasser durchflossen, das die Wärme von den Wandungen aufnimmt und über den Kühler abführt. Man unterscheidet selbsttätige Umlaufkühlung, bei der der Kühlmittelumlauf lediglich auf Wärmekonvektion beruht und Pumpenumlaufkühlung, bei der eine Pumpe die Kühlflüssigkeit in Bewegung setzt. Letzteres ist die gebräuchlichste Anwendung bei Baumaschinen. Die Kühlleistung wird vielfach noch durch einen Ventilator erhöht.

Die Verwendung von luft- oder wassergekühlten Motoren hängt stark vom Einsatzzweck ab. Im Allgemeinen wird bei großen, und insbesondere bei stationären Anlagen Wasserkühlung bevorzugt. Mit dem größeren Bauaufwand wird die Gefahr einer Überhitzung des Motors weitgehend gebannt. Auch die Geräuschentwicklung ist spürbar geringer. Demgegenüber hat auch der luftgekühlte Motor seine besonderen Vorteile. Er ist relativ billiger, zeigt ein günstigeres Leistungsgewicht und ist frostsicher. Weitere Vorteile sind die hohe Startfreudigkeit, das schnelle Erreichen der Betriebstemperatur und damit die Vermeidung des schädlichen Kaltfahrens. Das Prinzip der Luftkühlung bietet zudem die Möglichkeit, die Zylindereinheiten nach Baukastenmuster anzuordnen, so daß beim Eintritt eines Schadens einzelne Zylinder ausgetauscht werden können, ohne den gesamten Motor zerlegen zu müssen. Dadurch wird auch die Ersatzteilhaltung auf ein Minimum reduziert.

2.7 Energiebilanz

Die Aufspaltung des durch den Kraftstoff eingeleiteten Energiestroms läßt sich im **SANKEY-Diagramm** (Bild 2.10) anschaulich darstellen. Allein im Kühlmittel gehen 25 bis 35% der im Kraftstoff enthaltenen Wärmemenge weg, im Abgas sind es 30 bis 35%, also mehr als der Motornutzleistung entspricht. Tatsächlich führen die heute üblichen Motoren 65 – 80% der Kraftstoffenergie als Wärme ab, im Kühlmittel, im Abgas, im Schmieröl und in Form von Wärmeabstrahlung an die Umgebung.

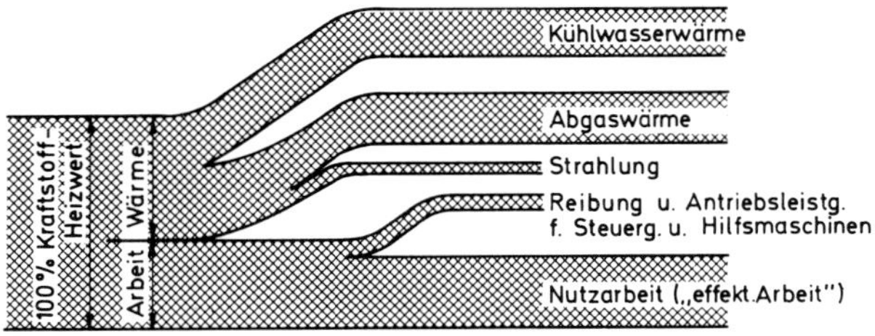

Bild 2.10 Verteilung der im Kraftstoff enthaltenen Energien
Energiestrom (SANKEY-Diagramm)

Die **Abwärme** braucht kein Verlust zu sein, wenn irgendeine Verwendung dafür vorhanden ist (Heizung, Dampferzeugung, Trocknen usw.). Abwärme ist umso wertvoller, je höher die Temperatur ist. Gelänge es, einen Motor mit ungekühlten, wärmefesten Wänden zu bauen, so würde das zwar nicht den Motorwirkungsgrad im entsprechenden Maß verbessern – denn auch die Abgase wären entsprechend heißer. Aber wegen ihrer hohen Temperatur sind sie deshalb interessant, weil man ihren Energieinhalt verwerten kann, beispielsweise durch einen nachgeschalteten Abgasturbolader (siehe Abschnitt 2.8), durch den der Motorgesamtwirkungsgrad doch noch spürbar verbessert werden könnte.

Was letztlich in Form von mechanischer Arbeit genutzt werden kann, sind 20 – 35% der im Kraftstoff enthaltenen Energie, nach Abzug der zusätzlichen Verluste von ca. 10% durch mechanische Reibung.

2.8 Aufladen

Um die Leistung eines Motors zu erhöhen, muß gemäß Gl. 2.3 bzw. Gl. 2.4 der Hubraum oder die Drehzahl vergrößert werden. Größerer Hubraum erfordert aber einen größeren Motor und damit auch einen größeren Anschaffungsaufwand. Höhere Drehzahl führt andererseits zu einseitiger Überzüchtung und senkt die Lebensdauer.

Die seriöse Art mehr Leistung aus dem gleichen Motor herauszuholen ist das sog. Aufladen. Darunter wird die künstliche Vorverdichtung der eintretenden Luft mit Hilfe eines Gebläses verstanden, das dem Motor eine größere Menge Luft zuschiebt als er selbst aus der Atmosphäre ansaugen würde. Der Füllungsgrad η_L wird größer als 100%. Damit erhöht sich die "Literleistung" unter Beibehaltung des Hubraumes. Die Leistungssteigerung gegenüber dem unaufgeladenen Motor kann bis zu 200% betragen.

Besondere Bedeutung kommt der Aufladung zu, wenn Motoren in großen Höhen bei der dort herrschenden dünneren Luft arbeiten müssen. Das gilt für Flugmotoren und für den Maschineneinsatz im Hochgebirge. Der Leistungsschwund pro 100 m Meereshöhe beträgt ca. 1%. Das Bedeutet für 2000 m Höhe eine Minderung der Leistung um etwa ein Fünftel.

Die Aufladung erfolgt entweder nach dem Prinzip des mechanisch angetriebenen Laders oder unter Ausnutzung der Abgasenergie mit dem Turbolader.

Der mechanisch getriebene Lader, meist als Zweiwellenverdichter nach Bauart Roots ausgeführt, ist ähnlich wie die Lichtmaschine an die Kurbelwelle des Motors angehängt. Die beabsichtigte Steigerung der Literleistung wird jedoch teilweise durch den Eigenleistungsbedarf des Laders wieder aufgezehrt.

Rootsgebläse bestehen aus lemniskatenförmigen Drehflügeln, deren Wellen durch gleiche Zahnräder miteinander gekuppelt sind (Bild 2.11). Die sich gegenläufig drehenden Flügel berühren gasdicht einerseits die Gehäusewand, andererseits sich gegenseitig. Die Luft wird in die zwischen Flügel und Kapselgehäuse liegenden Zellen portionsweise gefördert und nach dem Verdrängungsprinzip erst auf der Druckseite schlagartig verdichtet. Das ist mit Lärmbelästigung verbunden, der aber dadurch wirksam begegnet werden kann, wenn die Flügelprofile schraubenförmig um die Drehachsen gewunden werden, wodurch die Luft sanfter in die Druckkammer ausgeschoben wird. Die Regelung der Durchsatzleistung geschieht zwangsläufig und problemlos über die Motordrehzahl.

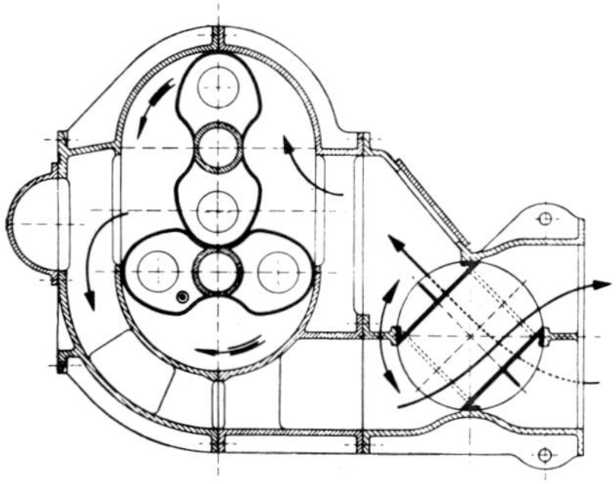

Bild 2.11 Roots-Gebläse

Die technisch interessantere aber auch wesentlich teurere Lösung ist der **Abgasturbolader.** Diese Art von Lader wird ausschließlich mit den Motorabgasen angetrieben. Dadurch, daß man beim Arbeitsprozeß des Motors auf vollständige Expansion verzichtet – die restlose Verwirklichung würde einen enormen Kolbenhub verlangen, bei dessen Durchlaufen am Ende mehr

Energie durch Kolbenreibung verzehrt werden würde, als an Arbeit genutzt werden könnte – geht der nicht unerhebliche Rest an thermischer Energie in den Abgasen beim Verlassen des Motors normalerweise verloren (Bild 2.12). Die Nutzung dieser Energie durch einen Abgasturbolader führt nicht nur zu höherer Literleistung, sondern auch zu merklich besserer Verwertung des Kraftstoffes und damit zu einem größeren Gesamtwirkungsgrad.

Der Aufbau eines Turboladers ist in Bild 2.13 dargestellt. Die Abgase treiben die Turbine an, die eine gemeinsame Welle mit dem Gebläse hat. Das Gebläse saugt axial Luft oder Gemisch an und schiebt das verdichtete Gas mit einigen Zehntel bar Überdruck durch das Spiralgehäuse dem Motor zu. Der Durchsatz stellt sich über die Drehzahl selbsttätig ein.

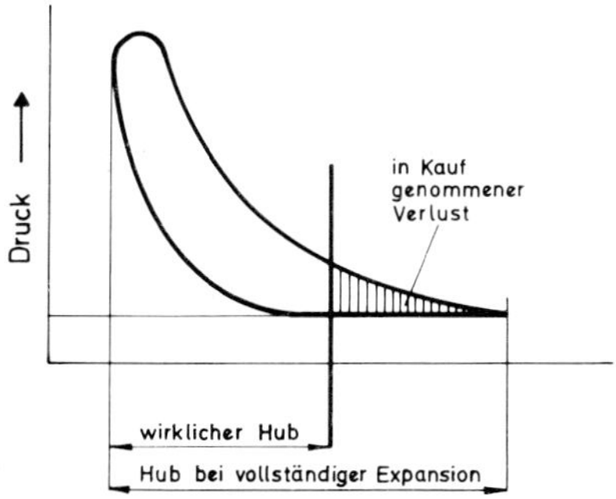

Bild 2.12 Verzicht auf vollständige Expansion

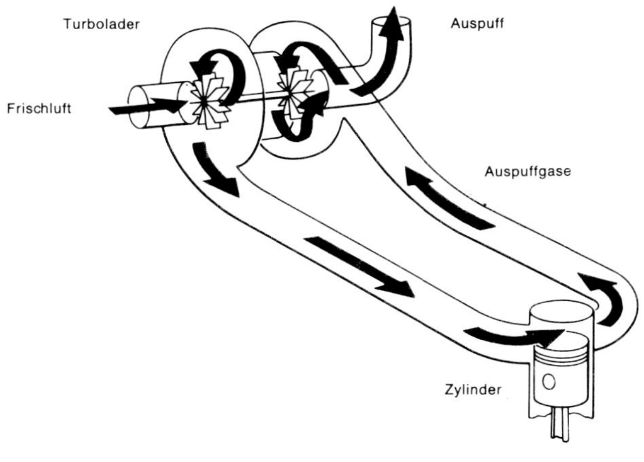

Bild 2.13 Schema des Abgasturboladers (Zeppelin Metallwerke GmbH)

Die hohen Arbeitsdrehzahlen und die dabei entstehende Wärmebelastung machen den Turbolader zu einem empfindlichen Motoraggregat. Die kritischen Faktoren sind Ausrichtung und Schmierung.

Bei Vollast dreht die Turbine zwischen 40.000 und 70.000 U/min. Alle Teile der Laufgruppe (Kompressorrad – Welle – Turbinenrad) müssen genau ausgerichtet bzw. ausgewuchtet sein. Falsche Befestigung und fehlerhafter Anschluß kann Berührung oder Anfressen der Laufteile am Gehäuse verursachen und schließlich zur Zerstörung des Laders führen (Bild 2.14).

Bild 2.14 Beschädigtes Kompressorrad infolge Flatterns der Welle (Werkfoto Zeppelin Metallwerke GmbH)

Genaue Passungen, hohe Drehzahlen und Temperaturen verlangen eine konstante Schmierölzufuhr. Auch ein kurzer Ausfall von nur wenigen Sekunden kann Schäden verursachen. Die unmittelbaren Folgen sind Flattern der Welle und Lagerschäden. Sobald die Welle unrund läuft und zu schlagen beginnt, entstehen Sekundärschäden. Die Kompressor- und Turbinenräder berühren das Gehäuse, die Welle wird verbogen oder bricht, Dichtungen und Druckplatten werden beschädigt.

Wenn ein Turbolader ausfällt, muß die Ursache des Schadens unbedingt festgestellt werden, selbst wenn dazu das vollständige Auseinanderbauen des Aggregats notwendig wird. Auf keinen Fall sollte ein beschädigter Turbolader weiterbetrieben werden, da sonst kostspielige Sekundärschäden entstehen können.

Die hauptsächlichen Schadensursachen an Turboladern sind

- Schmierölmangel
- verunreinigtes Schmieröl
- Schmutz- und Fremdkörper im Ansaug- oder Abgassystem des Motors
- übermäßige Abgastemperaturen
- Werkstoff- oder Herstellungsfehler

2.9 Klopfen

Klopfen ist ein unerwünschter, dem Motor schädlicher Verbrennungsverlauf, der sich nach außen durch ein hellmetallisch klingendes Geräusch, das "Klopfen", bemerkbar macht. Ursache ist unprogrammäßige Selbstzündung, die beim Ottomotor gegen Ende der Verbrennung von noch nicht verbranntem Gemisch schlagartig erfolgt. Beim Dieselmotor tritt Klopfen durch übermäßigen Zündverzug auf, wenn der Kraftstoff beim Einspritzen sich nicht schnell genug entzündet, sondern sich anhäuft und dann explosionsartig verbrennt. Die Druck- und Temperaturzustände erhöhen sich dabei um ein Vielfaches des Normalen.

Die Klopffestigkeit hängt zum einen von der konstruktiven Gestaltung des Verbrennungsraumes, zum anderen vom Kraftstoff selbst ab. Die Neigung zum Klopfen wird bei Motoren und Kraftstoffen durch die "Klopfziffer" (Oktanzahl) gekennzeichnet. Die Oktanzahl eines Kraftstoffes gibt an, wieviel Raumteile Iso-Oktan (Kraftstoff mit hoher Klopffestigkeit) sich in einem Gemisch mit Normal-Heptan (Kraftstoff mit hoher Klopfneigung) befinden, das in einem Prüfmotor gleiches Klopfverhalten zeigt. Der Kraftstoff ist umso klopffester, je höher seine Oktanzahl ist. Bei Motoren wird durch Probelauf festgestellt, wieviel Iso-Oktan dem Normal-Heptan beigemengt werden müssen, damit das Klopfen gerade verschwindet. Der Motor ist umso klopffester, je kleiner seine Oktanzahl ist.

2.10 Kraftstoffzufuhr

Beim Otto-Motor wird das zündfähige Kraftstoff-Luft-Gemisch im sog. **Vergaser** erzeugt. Die grundsätzliche Wirkungsweise beruht auf dem Prinzip der bekannten Zerstäuber und ist denkbar einfach. Das Mischrohr besitzt eine Einschnürung, in welcher der Luftstrom durch seine erhöhte Geschwindigkeit Unterdruck annimmt. In der engsten Stelle sitzt die Kraftstoffdüse, aus welcher die strömende Luft den Kraftstoff reißt, ihn fein zerstäubt und wenigstens teilweise verdampft (Bild 2.15). Als Regelorgan dient eine im Ansaugrohr sitzende Drosselklappe, die mit dem Gashebel verbunden ist. Der ständige Kraftstoffvorrat wird im Schwimmergehäuse auf gleichbleibendem Niveau gehalten.

Oberste Anforderung an den Vergaser ist konstante Gemischzusammensetzung im gesamten Regelbereich, von Leerlauf bis Vollast. Leider erfüllt die Vergaserdüse allein diesen Wunsch nicht so ohne weiteres. Um dem Motor bei allen Betriebsverhältnissen das richtige Gemisch zu liefern, hat der Vergaser Zusatzeinrichtungen. Im Leerlauf würde durch den geringen Luftdurchsatz ein viel zu mageres Gemisch entstehen. Deshalb wurde eine besondere Kraftstoffleitung geschaffen, die in einer Düse am Rande der fast geschlossenen Drosselklappe einmündet. Dort wird noch zusätzlicher Kraftstoff besonders im Leerlauf abgesaugt, weill dann an dieser Stelle der höchste Unterdruck herrscht.

Zur besseren Beschleunigung von Leerlauf auf Vollgas ist oftmals eine Beschleunigungspumpe vorhanden, die beim Aufreißen der Drosselklappe zusätzlich Benzin in den Lufttrichter spritzt. Andere Vergaser besitzen ein Standrohr mit Zusatzdüse (Bild 2.16). Der Kraftstoffvorrat im Standrohr steht beim Gasgeben sofort zur Verfügung. Damit das Gemisch durch den erhöhten Luftstrom auf die Dauer nicht zu fett bleibt, strömt durch das inzwischen leergewordene Standrohr sog. Bremsluft, die die Kraftstoffzufuhr wieder drosselt.

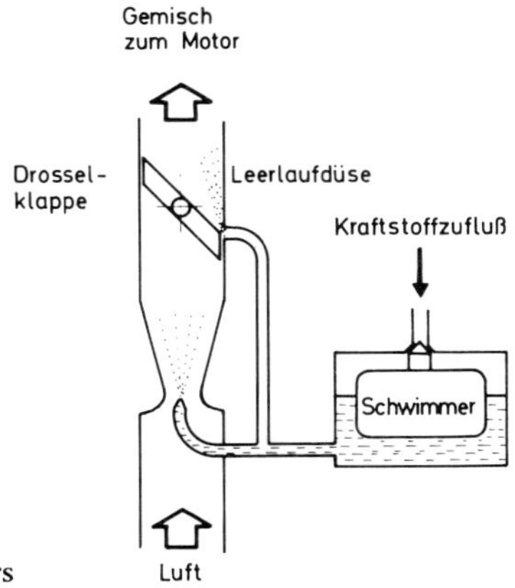

Bild 2.15 Prinzip eines Vergasers

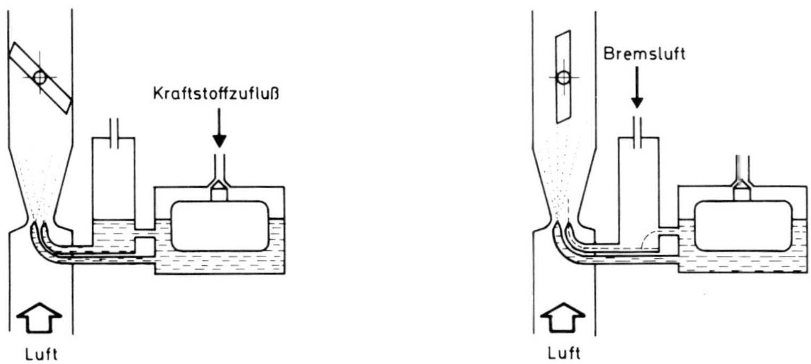

Bild 2.16 Vergaser mit Standrohr

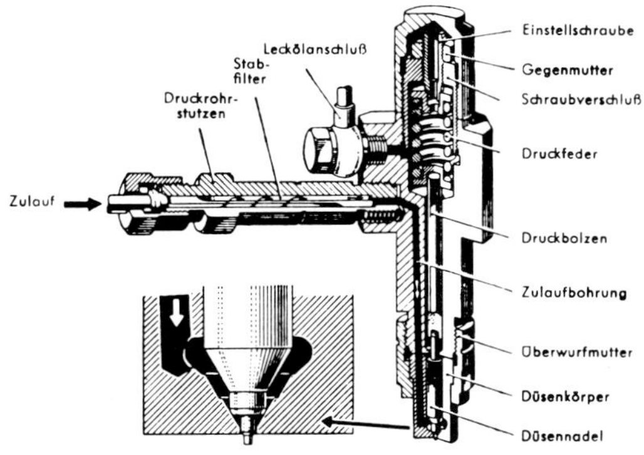

Bild 2.17 BOSCH-Düsenhalter mit Zapfendüse

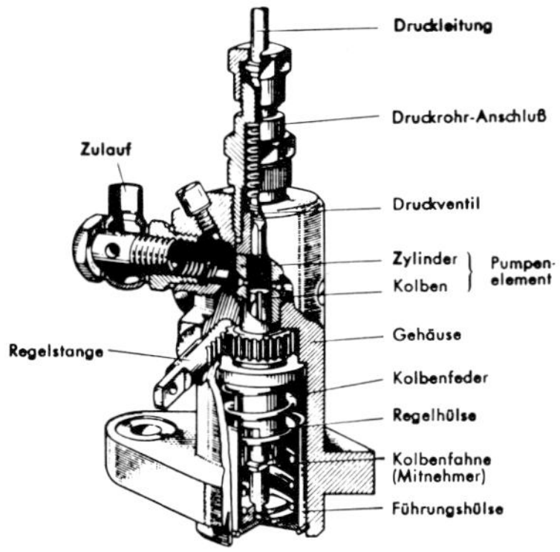

Bild 2.18 BOSCH-Einspritzpumpe

Vergaser sind durch ihre verschiedenen Zusatzeinrichtungen in ihren Bauarten sehr vielfältig. Grundsätzlich wird je nach Richtung des Luft- und Gemischstroms unterschieden zwischen Fallstrom-, Steigstrom und Flachstromvergaser.

Der klassische Vergaser wird heute vielfach durch Einspritzanlagen abgelöst, die den Kraftstoff direkt in das Saugrohr einspritzen. Dabei wird der Kraftstoff mittels einer Verdrängerpumpe aus dem Tank gefördert und über einen Druckregler, unabhängig von der eingespritzten Menge, auf konstantem Druck gehalten. Vorteile der Benzineinspritzung sind sparsamer Kraftstoffverbrauch, günstigeres Betriebsverhalten des Motors und bessere Abgasqualität. Die Dosierung der den Zylindern je Arbeitstakt zugeführten Kraftstoffmenge wird elektronisch gesteuert. Die Hauptsteuergrößen sind bei den angewandten Verfahren Drehzahl und Saugrohrdruck bzw. Drehzahl und Luftmenge. Die besonderen Möglichkeiten der Elektronik gestatten die feinfühlige Berücksichtigung weiterer Korrekturfaktoren im Zusammenspiel aller motorischen Veränderungen wie Verschleiß, Ablagerungen im Brennraum, Veränderung der Ventileinstellung und Temperaturänderung.

Was für den Ottomotor der Vergaser ist, das ist für den Dieselmotor die **Einspritzpumpe** und Einspritzdüse. Da bei Dieselmotoren das Gemisch erst nach der Verdichtung gebildet wird, spritzt man den Kraftstoff unter hohem Druck (150 bis 1000 bar) in die hochverdichtete heiße Luft ein. Die Verbrennung setzt augenblicklich, ohne besondere Zündvorrichtung ein. Die Einspritzpumpe ist im Prinzip eine Kolbenpumpe, die von der Nockenwelle betrieben wird. Die Kolben können nicht nur Hub-, sondern auch Drehbewegungen ausführen. Durch Betätigung einer Regelstange, die mit dem Gashebel verbunden ist, werden alle Pumpenkolben gleichzeitig gedreht. Die Drehbewegung steuert die einzuspritzende Kraftstoffmenge und damit die Drehzahl des Motors.

2.11 Schmierung

Schmierung hat grundsätzlich die Aufgabe, die Reibung und damit den Verschleiß sowie die Wärmeerzeugung so gering wie möglich zu halten. Reibungsstellen sind beim Verbrennungsmotor die Kolbenringe, die Pleuellager und die Lager der Kurbelwelle. Das Schmiermittel muß zwischen die gleitenden Flächen gebracht werden, um ein metallisches Berühren weitgehend auszuschalten. An den Kolbenringen wird durch Gasdruck dennoch eine beachtliche Reibung erzeugt (10% der Maschinenleistung), was zu einer unvermeidbaren Abnutzung von Ring und Lauffläche führt. Beim Viertakter genügt das hochspritzende Öl völlig zu ausreichender Schmierung. Beim Zweitakter muß über den Kraftstoff zusätzlich Schmierstoff zugegeben werden, da der im Motorzylinder stets herrschende Überdruck die Kolbenringschmierung beeinträchtigt.

Bei den Lagern ist es notwendig, das Öl unter Druck zwischen Welle und Nabe zu pressen, nicht nur um den Flüssigkeitskeil dazwischen aufrecht zu erhalten, sondern auch, um die erheblichen Wärmemengen über den Öldurchsatz laufend abzuführen. Dies geschieht mit der sog. **Druckumlaufschmierung.** Eine kleine Zahnradpumpe, die vom Motor angetrieben wird, saugt das Öl aus der Kurbelwanne und führt es durch Rohrleitungen den einzelnen Schmierstellen zu. In den Kreislauf ist ein Ölfilter und häufig auch eine Ölkühlanlage zwischengeschaltet.

Einzelheiten sind im Bild 2.19 zu erkennen. Von der Schmierölpumpe (15) wird durch die Ansaugleitung (16) das Öl aus der Ölwanne (18) angesaugt, über die Druckleitung (13) und dann je nach Auslegung des Motors durch die Ölleitung (9) (Kurzschlußleitung), die Ölkühlschlange (27) oder den Blockölkühler (26) zum Ölfilter (24) gefördert. Das gefilterte Öl fließt durch den Hauptkanal (22) des Kurbelgehäuses in Nebenkanälen zu den Kurbelwellenlagern (19), Pleuellagern (20) und den Nockenwellenlagerungen (17). Die Impulsschmierung der Kipphebel und Ventile erfolgt dann, wenn die Schmiernuten (11) in den Nockenwellenlagerungen (17) die Ölkanäle zu den Stößeln (10) verbinden. Durch die Bohrungen der Stößel fließt das Öl in den hohlen Stoßstangen (8) zu den Kipphebellagern (6). Die Schmierung der Ventilschäfte (4) erfolgt durch das aus den Kipphebellagern und den Dosierschrauben (5) der Kipphebel austretende Öl. Dadurch ist auch im niedrigen Leerlauf eine ausreichende Schmierung der Ventilschäfte gewährleistet. Das überschüssige Öl fließt von den Kipphebelräumen durch die Stoßstangenschutzrohre (7) ins Kurbelgehäuse und in die Ölwanne zurück. Die Schmierung der Zylinder (3) und der Kolbenbolzenlager (2) erfolgt durch Schleuderschmierung aus den Pleuellagern (20). Die Schmierölversorgung der Zahnräder erfolgt durch eine Spritzbohrung (12) aus dem vorderen Querkanal. Das Öldruckregelventil (14) befindet sich im Schmierölpumpen-Gehäuse. Ein Sicherheitsventil (23) gewährleistet die Versorgung aller Schmierstellen bei einer eventuellen Verstopfung der Schmieröl-Filterpatrone (24). An der Schmierölfilterkonsole befindet sich seitlich eine Anschlußstelle (25) für die Ölmanometer (1) oder einen öldruckbetätigten Schalter für eine Warnanlage. Bei Ausführung mit Kolbenkühlung wird das Schmieröl zur Kühlung der Kolben durch die Kühlöldüsen (21) geführt.

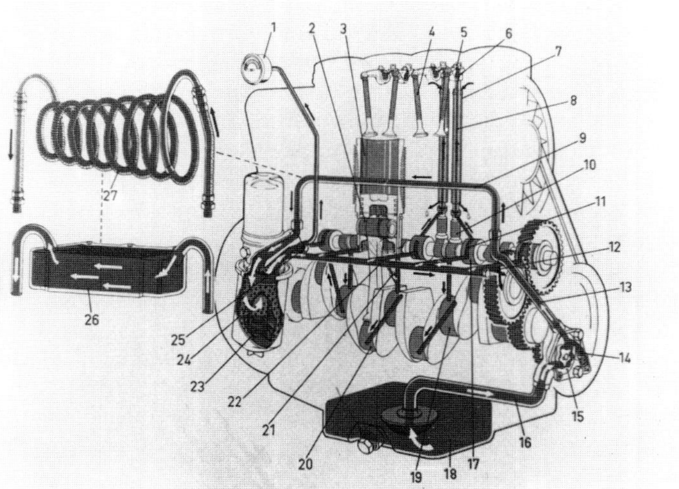

Bild 2.19 Schema des Schmierölkreislaufs (Klöckner – Humboldt – Deutz AG, Köln)

Als **Schmieröle** werden ausschließlich Mineralöle verwendet, die aus der Destillation des Erdöls gewonnen werden. Nachteil ist das rasche Altern, d.h. der Verlust der guten Schmiereigenschaften durch Bildung von Harzen und Ölschlamm.

Die Schmierfähigkeit bestimmende Eigenschaft des Öls ist die **Viskosität**, die allerdings stark temperaturabhängig ist. Sie wird umso niedriger, je höher die Öltemperatur ist. Zur Kennzeichnung der Viskosität sind heute allgemein die SAE-Normen eingeführt. Die für den Einzelfall erforderliche Viskosität richtet sich nach dem Verwendungszweck und den Betriebsbedingungen. Hierbei sollte die Betriebsanweisung des Maschinenherstellers beachtet werden.

2.12 Bauteile

Die umschließenden Teile des Motors sind Zylinderkopf, Zylinderblock und Kurbelgehäuse. Das zur Umwandlung der Brennstoffenergie in mechanische Arbeit dienende Kurbelgetriebe (Bild 2.20) ist im Kurbelgehäuse und Zylinderblock untergebracht. Die Hauptbestandteile des Triebwerks sind Kolben, Pleuelstange und Kurbelwelle. Daneben sind die Kolbenringe, die Kolbenbolzen und die Lager zu nennen.

Die Kurbelwelle (Bild 2.21) als schwerstes Bauteil hat die Aufgabe, die geradlinigen Kolbenbewegungen in Drehbewegungen umzuwandeln. Wegen der hohen Beanspruchung wird die Kurbelwelle aus hochwertigem Stahl im Gesenk geschmiedet. Auf der Kurbel sitzt die Schwungscheibe, die dem Motor ruhigen Lauf gibt. Sie ist besonders wichtig, um die ersten Arbeitstakte beim Starten zu sichern.

Um die Masse des sich bewegenden Kolbens gering zu halten, werden meist Leichtmetallegierungen verwendet, die zudem hoch wärmefest sein müssen. Der Kolben gleitet in der Zylinderbuchse, die aus hochwertigem Guß oder Stahl mit Feinstbearbeitung hergestellt ist.

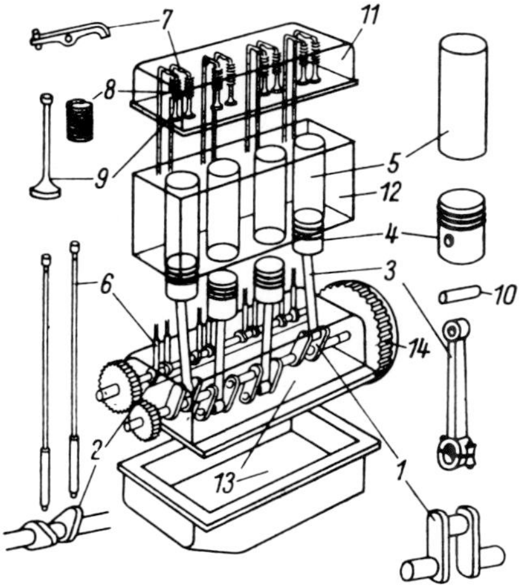

1 Kurbelwelle
2 Nockenwelle
3 Pleuelstange
4 Kolben
5 Zylinderbuchse
6 Stoßstange
7 Kipphebel
8 Ventilfeder
9 Ventil
10 Kolbenbolzen
11 Zylinderkopf
12 Zylinderblock
13 Kurbelgehäuse
14 Schwungrad und Anlaßzahnkranz

Bild 2.20 Schema eines auseinandergezogenen Vierzylindermotors

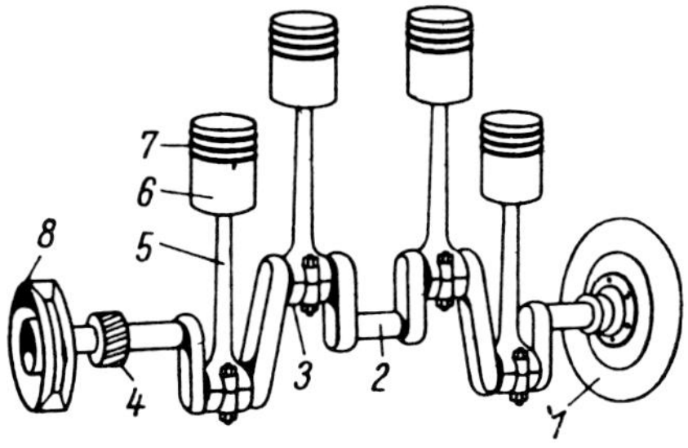

1 Schwungrad
2 Kurbelwelle
3 Pleuellager
4 Ritzel für Nockenwelle
5 Pleuelstange
6 Kolben
7 Kolbenring
8 Keilriemenscheibe

Bild 2.21 Schema des Kurbeltriebs eines Vierzylindermotors

2.13 Bauformen

Bei Motoren größerer Leistung wird der Hubraum auf mehrere Zylinder verteilt (Vielzylindermotoren). Dabei wird das Leistungsgewicht z.T. erheblich reduziert. Kurbelwelle und Motorgehäuse stellen besonders große Anteile am Gesamtgewicht des Motors. Am leichtesten fallen daher jene Bauformen aus, bei denen an diesen Teilen gespart wurde. Die einzelnen Bauformen unterscheiden sich nach Lage und Anordnung der Zylinder (Bild 2.22). Für den Antrieb von Baumaschinen werden vorwiegend Reihenmotoren und V-Motoren verwendet. Besonders servicefreundlich sind jene Reihenmotoren, die nach dem Baukastenprinzip gefertigt werden. Unterschiedliche Leistungen resultieren dabei nur aus der Anzahl der Zylinder, wobei sämtliche Bauteile untereinander austauschbar sind. Dadurch wird die Ersatzteilhaltung auf ein Minimum reduziert. Bauunternehmen können aus der Vielzahl der mit diesen Motoren ausgerüsteten Baumaschinen, Hebe- und Fördergeräte ihren Maschinenpark "typenrein motorisiert" zusammenstellen. Sie erreichen damit den Vorteil einfacherer Bedienung und Wartung. Gleichzeitig werden die nach längerer Betriebszeit erforderlichen Inspektionen und Reparaturen bei größeren Bauunternehmungen mit eigenem Reparaturdienst wesentlich vereinfacht.

2.14 Kreiskolbenmotor (Wankelmotor)

Das Kreiskolbenprinzip ist schon lange bekannt. Ein dreieckiger Kolben mit konvexen Seiten macht exzentrische Drehbewegungen in einem Gehäuse, dessen Innenraum eine ovale, leicht eingeschnürte Kurve (Epitrochoide) bildet. Die Kolbeneckpunkte berühren stets gleichzeitig die Gehäusewandung, wodurch drei um 120° versetzte Räume gegeneinander abgegrenzt werden. In jedem dieser periodisch kleiner und größer werdenden Räume läuft während jeder Umdrehung des Kolbens ein Viertakt-Ottoprozeß ab. Das Hauptproblem dabei ist die Abdichtung des Kolbens an den Ecken und Stirnseiten. Im Jahre 1960 wurde die Welt erstmals mit einem von FELIX WANKEL entwickelten Kreiskolbenmotor bekannt gemacht.

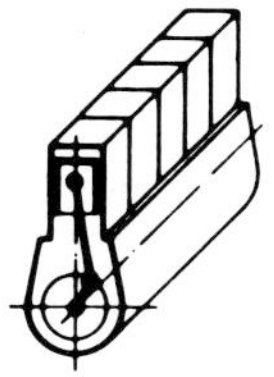

REIHEN-MOTOR

Anordnung der Zylinder in einer Reihe

V-MOTOR

Anordnung der Zylinder in V-Form

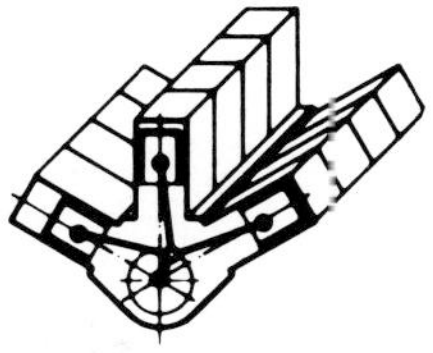

W-MOTOR

Anordnung der Zylinder in W-Form

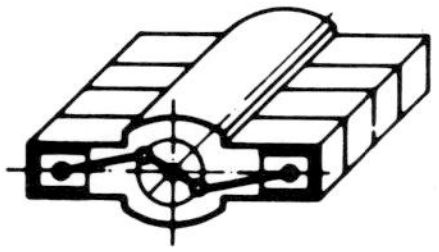

BOXER-MOTOR

Zylinder gegenüberliegend

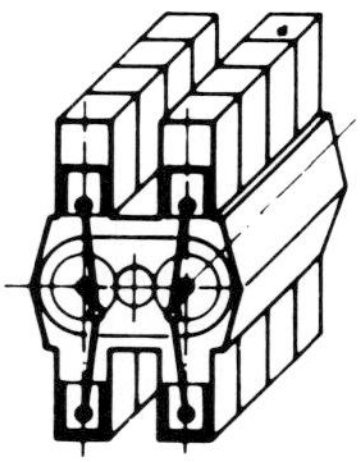

H-MOTOR

Doppelboxer-Motoren mit je zwei gegenüberliegenden Reihen, liegend oder stehend

STERN-MOTOR

Zylinder sternförmig angeordnet in einer oder mehreren Ebenen

GEGENKOLBEN-MOTOR

Arbeitskolben bewegen sich gegenläufig in der jeweils gemeinschaftlichen Verbrennungskammer
(keine Zylinderdeckel)

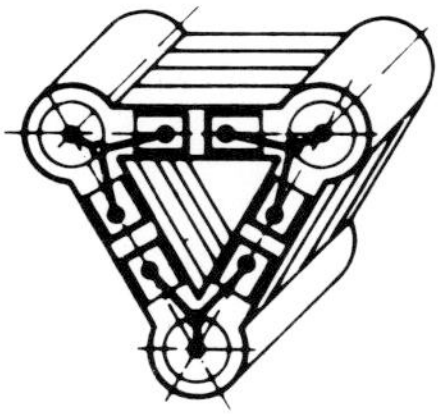

DREIECK-GEGENKOLBEN-MOTOR

Gegenkolben in Dreieckform und mehreren Ebenen

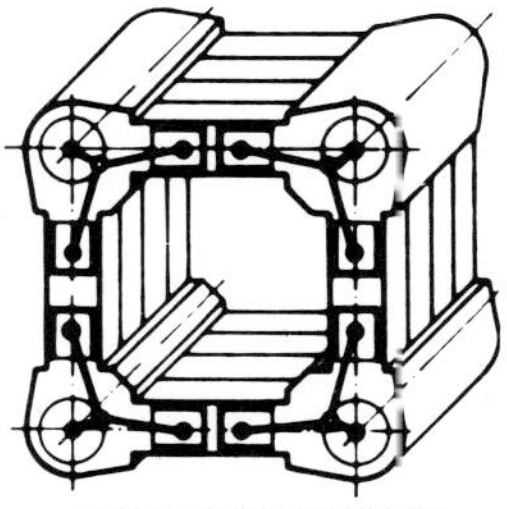

VIERECK-GEGENKOLBEN-MOTOR

Gegenkolben in Viereckform und mehreren Ebenen

Bild 2.22 Bauformen von Vielzylindermotoren (Laufer)

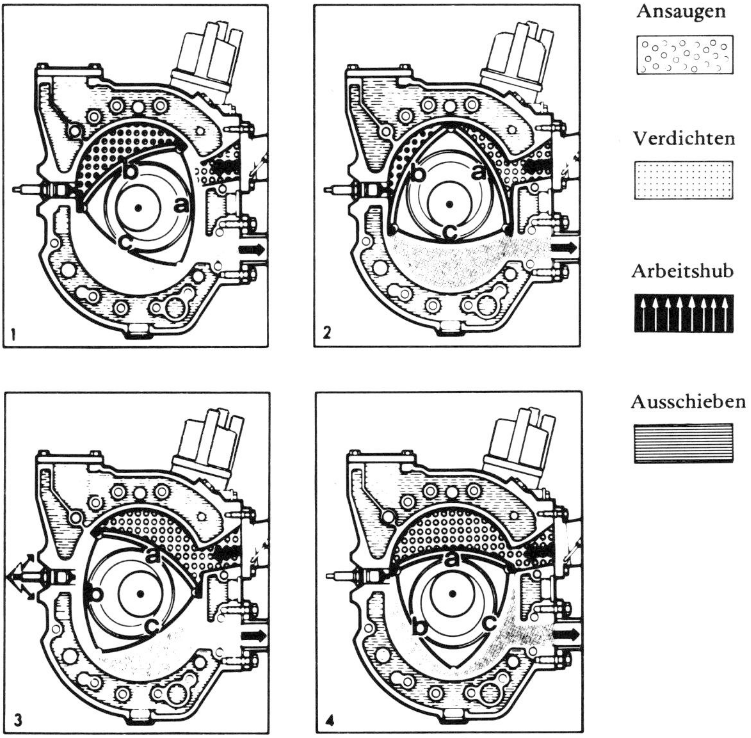

1
Nachdem über der Kolbenflanke a (Kammer a) der letzte Rest verbrannter Gase ausgeschoben ist, beginnt der Ansaugtakt. Kammer b ist mit Frischgas gefüllt, es wird komprimiert. In c dehnen sich die verbrennenden Gase arbeitsleistend aus.

2
a saugt weiter an, b verdichtet. In Kammer c haben die verbrannten Gase ihre volle Wirkung getan. Die Dichtleiste hat die Auslaßsteueröffnung freigegeben und die verbrannten Gase strömen aus.

3
a saugt noch immer Benzin-Luft-Gemisch. b hat voll verdichtet. Ein Zündfunke entzündet das komprimierte Benzin-Luft-Gemisch. Aus Kammer c werden die verbrannten Gase weiter ausgeschoben.

4
Kammer a ist mit Frischgas angefüllt. Der Kompressionstakt setzt ein, sobald die Dichtleiste die Einlaßöffnung geschlossen hat. In Kammer b expandieren die verbrennenden Gase und treiben über den Kolben die Exzenterwelle in Drehrichtung voran. Aus Kammer c werden die verbrannten Gase weiter ausgeschoben.

Bild 2.23 Wankel-Motor (NSU, Neckarsulm)

Die Vorteile liegen auf der Hand

- Es gibt keine hin- und hergehenden Massen, die ständig beschleunigt und wieder abgebremst werden müssen.
- Das Problem des Massenausgleichs kann durch einfache Gegengewichte exakt gelöst werden. Der Motor zeigt ein Höchstmaß an Laufruhe.
- Für den Gaswechsel sind keine Ventile, sondern Schlitze angeordnet, die vom Kolben selbst gesteuert werden.
- Es sind wesentlich höhere Drehzahlen möglich.
- Der außerordentlich günstige Drehmomentverlauf erlaubt weniger Getriebegänge.
- Die Fertigungskosten sind geringer, da es nur zwei bewegte Teile gibt.
- Leistungsgewicht und Raumbedarf sind ebenfalls geringer.

Die thermische Beanspruchung beim Wankelmotor ist anders als bei den klassischen Kolbenmotoren, deren Zylinderwände abwechselnd mit hohen und kühlen Temperaturen beim Ladungswechsel in Berührung kommen. Das Gehäuse besitzt eine kalte und eine heiße Seite, die gesteigerte Kühlmaßnahmen erfordert. Daher werden Wankelmotoren immer mit Wasser gekühlt.

Der Grund, weshalb der Wankelmotor noch nicht bei Baumaschinen benutzt wird, liegt darin, weil es noch nicht gelungen ist, ihn auch für das Dieselverfahren verwendbar zu machen. Zwar hat Rolls-Royce im Jahre 1971 einen lebensfähigen Wankel-Diesel vorgestellt, der als sog. Verbundmotor in zwei Druckstufen arbeitet, doch hat sich die Idee bis heute noch nicht in der rauhen Dieselpraxis durchgesetzt.

2.15 Betriebseigenschaften

Die Motorleistung ist ganz allgemein das Produkt aus Drehmoment und Umdrehungszahl der Kurbelwelle.

Bei Anwendung der "technischen" Maßeinheiten ist die Verknüpfung:

$$\text{PS} = \frac{\text{m kp} \cdot 1/\text{min}}{716{,}2} \qquad \text{(Gl. 2.6)}$$

Bei Anwendung der SI-Einheiten:

$$\text{kW} = \frac{\text{Nm} \cdot 1/\text{min}}{9550} \qquad \text{(Gl. 2.7)}$$

Sind 2 Größen bekannt, läßt sich die dritte jeweils berechnen. Leistung und **Drehmoment** sind drehzahlabhängige Größen, wobei der Höchstpunkt des Drehmomentes bei einer niedrigeren **Drehzahl** liegt als das Maximum der Leistung (Bild 2.24). Der Verlauf dieser Kurven ist jedem Motor als dessen Kennlinie individuell eingeprägt und dient als Vergleichsmöglichkeit von

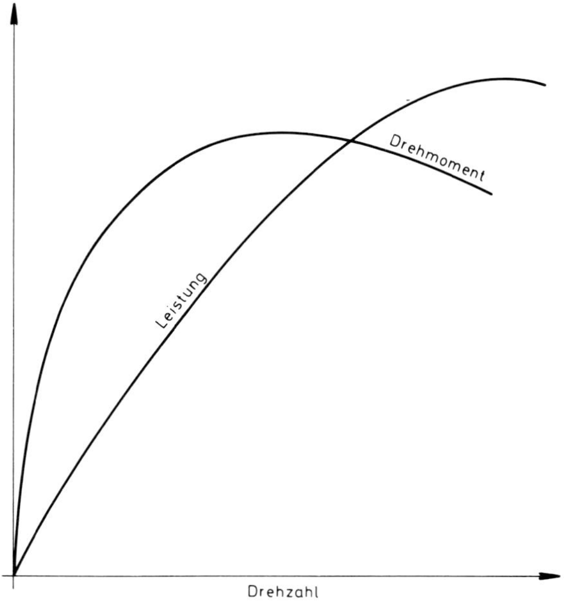

Bild 2.24 Drehzahlabhängigkeit von Drehmoment und Leistung

Motoren untereinander. Die Charakteristik des Drehmomentverlaufs von Verbrennungsmotoren ist hinsichtlich der Anforderderungen an Fahrzeuge und Erdbewegungsmaschinen denkbar ungünstig. So ist ausgerechnet im unteren Drehzahlbereich, wo hohe Drehkraft verlangt wird, das Drehmoment relativ gering, wodurch der Motor leicht abgewürgt werden kann. Elastische Motoren zeichnen sich dadurch aus, daß ein hohes Drehmoment über einen relativ großen Drehzahlbereich erhalten bleibt. Die ideale **Drehmomentkurve** ist eine Hyperbel (Bild 2.25). Hier wird die installierte Leistung, bestehend aus dem Produkt von Drehmoment und Drehzahl, bei jedem Betriebszustand voll ausgenutzt. Dies gelingt beim Verbrennungsmotor nur sehr unvollkommen. Man hilft sich mit nachgeschalteten Stufengetrieben, die das Drehmoment bereichsweise entsprechend übersetzen. Je größer die Anzahl der Gangstufen gewählt wird, desto besser kann eine Annäherung an die Hyperbel erreicht werden. Die zusätzliche Kombination mit einem hydrodynamischen **Drehmomentwandler** hat sich in den letzten Jahren als eine Lösung mit hervorragenden Betriebseigenschaften immer mehr durchgesetzt.

Ein Motor in Verbindung mit einem Wandler verhält sich ähnlich wie eine Dampfmaschine oder ein Gleichstrom-Hauptschlußmotor. Hohem Ausgangs-Drehmoment am Getriebe wird eine kleine Drehzahl und kleinem Moment eine hohe Abtriebsdrehzahl zugeordnet, wobei sich jedoch kaum die durch die Füllung eingestellte Motor-Leistung und Drehzahl verändern. Praktisch

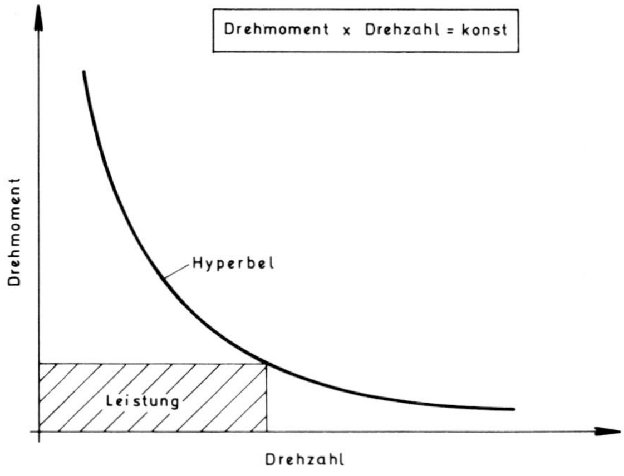

Bild 2.25 Idealer Verlauf des Drehmoments

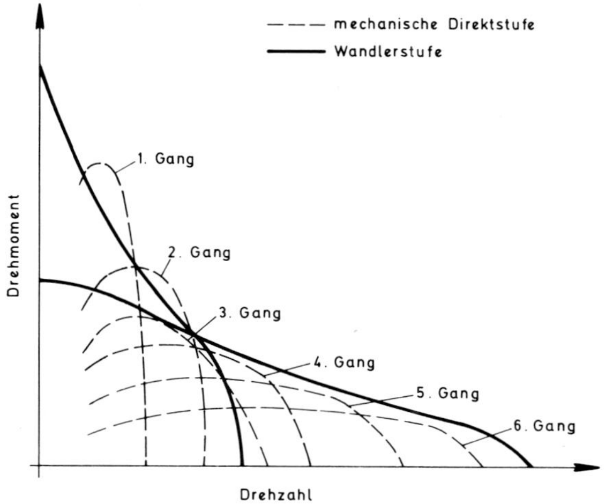

Bild 2.26 Annäherung an die ideale Drehmomentkurve mit Stufengetriebe und Drehmomentwandler

bewirkt diese Arbeitsweise, daß große auftretende Widerstände, z.B. beim Schürfen, mit niedriger Geschwindigkeit und großer Kraft und geringere Fahrwiderstände mit entsprechend kleinerer Kraft und dafür größerer Geschwindigkeit überwunden werden. Besonders im gleislosen Erdbetrieb, wo sich ständig wechselnde Fahrwiderstände ergeben, bietet der Drehmomentwandler wesentliche Vorteile dadurch, daß der Fahrer nicht zu kuppeln und zu schalten braucht. Er wird somit entlastet und kann sich deshalb stärker auf bestimmte Arbeitsvorgänge, z.B. beim Lösen oder Planieren, konzentrieren. Die Motorleistung, im Gegensatz zu rein mechanischen Getrieben, läßt sich voll ausnützen und somit ist eine höhere Leistungsfähigkeit zu erzielen. Ferner wird der Kupplungsverschleiß ausgeschaltet, die Antriebselemente werden durch schwingungsdämpfende Kraftübertragung geschont und die höheren Anschaffungskosten und der niedrigere Wirkungsgrad gegenüber mechanischen Getrieben werden voll ausgeglichen.

Kolbenverbrennungsmotoren sind nach wie vor die wichtigsten Antriebe für gleislose Fahrzeuge und Erdbewegungsmaschinen. Der unglückliche Verlauf der Motorkennlinie kann in Verbindung mit mechanischen bzw. hydrodynamischen Getrieben für die Erfordernisse der Praxis weitgehend korrigiert werden. Darüber hinaus kann die automatische Abstimmung zwischen Widerstand und Arbeitsgeschwindigkeit bei restloser Ausnutzung der zur Verfügung stehenden Leistung fast vollständig erreicht werden.

2.16 Berechnungsbeispiel

Wie lange kann eine 180 kW-Planierraupe mit 250 kg Dieselkraftstoff arbeiten, wenn ihr durchschnittlich 70% der Nennleistung abverlangt wird?

Heizwert von Dieselkraftstoff	$H_u = 42{,}3 \cdot 10^3$ kJ/kg
thermischer Wirkungsgrad des Dieselmotors	$\eta_{th} = 0{,}39$
Getriebewirkungsgrad (Wandlergetriebe)	$\eta_{Getr.} = 0{,}72$

Lösung:

$$\text{Leistung} = \frac{\text{Energie}}{\text{Zeit (T)}}$$

$$T = \frac{42{,}3 \cdot 10^3 \text{ kJ/kg} \cdot 250 \text{ kg}}{0{,}7 \cdot 180 \text{ kW}} \cdot 0{,}39 \cdot 0{,}72 = 6{,}5 \text{ h}$$

2.17 Literatur

[1] EISELE, E. — Daimler-Benz Dieselmotoren für Personenwagen im Blickpunkt 30jähriger Entwicklung. In: Motortechn. Zeitschrift (MTZ) 1/1969

[2] FÖRSTER, H. J. — Fahrzeugantriebe der Zukunft. In: Automobil-Industrie 3/1972 und 1/1973

[3] GROTE, P. — Drehkolben-Gebläse und Drehkolben-Verdichter für die Aufladung von Verbrennungsmotoren. In: Motortechn. Zeitschrift (MTZ) 9/1955, S. 256

[4] HOFMANN, E. und HOLLER, R. — Antriebsauswahl und Anwendung des "Technischen" und des "Internationalen Einheitensystems". In: antriebstechnik (ant) 12/1975

[5] KRAEMER, O. — Bau- und Berechnung der Verbrennungsmotoren. – Berlin, Göttingen, Heidelberg: Springer-Verlag 1963

[6] MEURER, J. S. — Das M.A.N. – M-Verbrennungsverfahren. In: M.A.N. – Forschungsheft 1954

[7] SCHILDBERGER, F. — 50 Jahre Dieselmotor im Mercedes-Benz Kraftfahrzeugbau. In: Motortechn. Zeitschrift (MTZ) 1973

[8] SCHUHMANN, R. — Verbrennungstechnische Entwicklungsarbeiten beim Daimler Benz-Vorkammer-Dieselmotor für Personenkraftwagen. In: Motortechn. Zeitschrift (MTZ) 9/1973

[9] – – — Großer M.A.N.-Motorentest. Die Turbos machen das Rennen. In: Lastauto Omnibus 12/1976, S. 22

[10] – – — Zentralschmierung empfehlenswert? In: Auto-Technik-Verkehr (ATV) 4/1979, S. 82

[11] – – — Kolbenschäden. In: baumaschinendienst (bd) 12/1976, S. 546

3 Getriebe

Bei dem Wort "Getriebe" denkt man unwillkürlich an jenes Organ, das zwischen Motor und Fahrwerk sitzt und das die Aufgabe hat, die relativ hohen Motordrehzahlen, gemäß den Erfordernissen der Fahrbewegung, in geringe Abtriebsdrehzahlen, bei entsprechender Drehmomentübersetzung, umzuwandeln. Doch verbirgt sich hinter dem Begriff "Getriebe" sehr viel mehr. So ist beispielsweise die Arbeitseinrichtung eines Baggers, bestehend aus Löffel, Stiel und Ausleger ebenfalls ein Getriebe, das durch die Art seiner Konstruktion ganz bestimmte Grabkurven erzeugt.

Ganz allgemein ausgedrückt, sind Getriebe Mechanismen zur Weiterleitung und Umformung von Bewegungen. Sie bilden meist die funktionelle Grundlage einer Maschine. Getriebe besitzen wenigstens drei in sich widerstandsfähige Glieder und zwar je eines für Antrieb, Abtrieb und Gestell. Die vielfältigen speziellen Forderungen, die an Getriebe gestellt werden, führen zu einer unübersehbaren Fülle von Getriebeformen. Diese lassen sich jedoch auf eine begrenzte Zahl von Grundgetrieben und ihren Zusammensetzungen zurückführen, deren Bezeichnungen bereits auf wesentliche Eigenschaften und Besonderheiten der Bewegungsübertragung hinweisen.

3.1 Kurbeltriebe

Diese so vielfach gebrauchten Getriebe gehören zu den einfachsten Getriebeformen überhaupt. In jedem Kolbenverbrennungsmotor ist das Prinzip des Kurbeltriebes verwirklicht (Bild 3.1). Die hin- und hergehende, geradlinige Bewegung des Kolbens wird in eine Drehbewegung der Kurbelwelle umgewandelt. Beim Kolbenkompressor ist der Vorgang entsprechend umgekehrt.

Das Kurbelgetriebe ist gut geeignet, um den Zusammenhang von Drehmoment, Drehzahl und Leistung klarzumachen.

$$\text{Leistung} = \frac{\text{Kraft x Weg}}{\text{Zeit}} \qquad \text{(Gl. 3.1)}$$

Leistung	=	N [PS] bzw. [kW]
Kraft	=	F [kp] bzw. [N]
$\frac{\text{Weg}}{\text{Zeit}}$	=	$2\pi r n$
Drehzahl	=	n [U/min]
Drehmoment $F \cdot r$	=	M [mkp] bzw. [Nm]
1 PS	=	75 mkp/s
1 kW	=	1000 Nm/s

$$N = \frac{F \cdot 2\,\pi r \cdot n}{60 \cdot 75}\ [PS] \quad = \frac{F \cdot 2\,\pi r \cdot n}{60 \cdot 10^3}\ [kW] \qquad (Gl.\ 3.2)$$

$$N = \frac{M \cdot n}{716{,}2}\ [PS] \quad = \frac{M \cdot n}{9550}\ [kW] \qquad (Gl.\ 3.3)$$

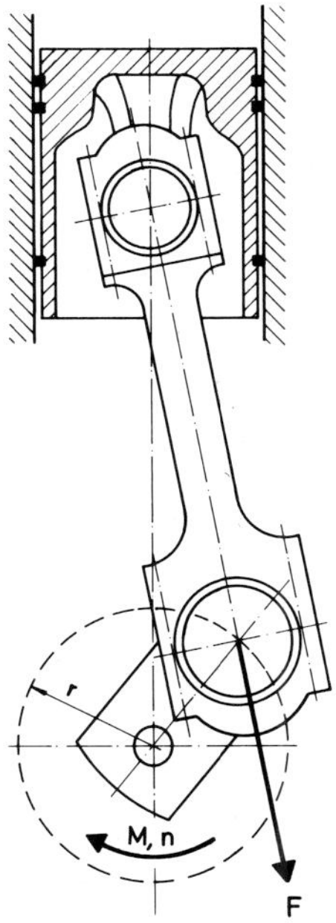

Bild 3.1 Kurbeltrieb

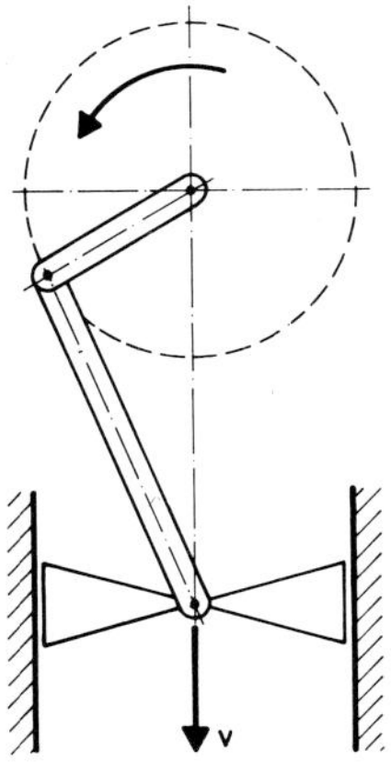

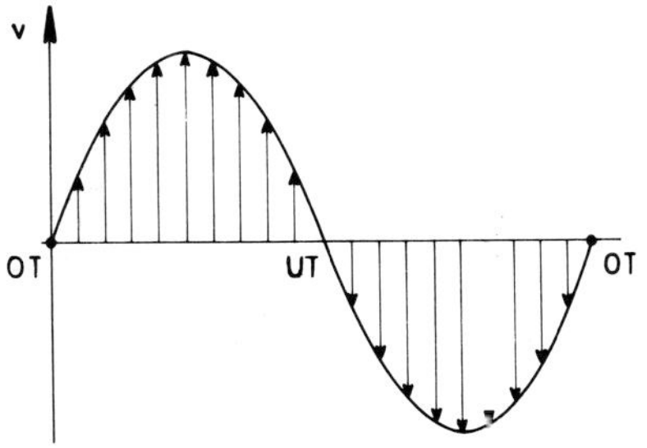

OT = Oberer Totpunkt
UT = Unterer Totpunkt

Bild 3.2 Geradschub-Kurbeltrieb (einfache Form)

Kniehebel-
Backenbrecher

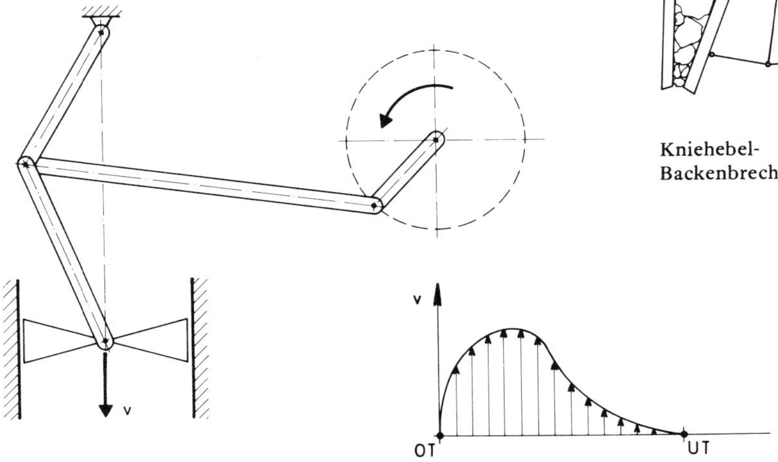

Bild 3.3 Kniehebel

Mit Kurbeltrieben läßt sich eine ganze Reihe spezieller Bewegungsabläufe verwirklichen. Die einfachste Form ist der GERADSCHUB-Kurbeltrieb (Bild 3.2). Die Hin- und Herbewegung geschieht mit periodisch an- und abschwellender Geschwindigkeit v.

Eine etwas abgewandelte Form ist der **Kniehebel** (Bild 3.3), der bei Pressen und Backenbrechern angewandt wird. Während die Leerlaufbewegungen relativ rasch vonstatten gehen, erfolgen die kraftaufwendigen Arbeitsbewegungen bei extrem kleinen Geschwindigkeiten.

Werden mehrere, mindestens aber zwei Kurbeln parallel miteinander gekoppelt, so gelingt es, das Koppelglied in allen Lagen parallel zum festen Gestell zu führen (Bild 3.4). Bei einer Zeichenmaschine mit PARALLEL-Kurbeltrieb z.B. ist die Aufgabe gelöst, einen bestimmten Zeichenwinkel an beliebige Orte des Zeichenbrettes parallel hinzuschieben. Ein anderes bekanntes Beispiel ist der Werkzeugkasten mit Parallelkurbeln, dessen Fächer beim Ein- und Ausklappen stets in waagerechter Lage gehalten werden. Auch die Heckaufreißer an Erdbewegungsmaschinen sind oft als Parallelkurbeltriebe ausgeführt.

Besondere Aufmerksamkeit verdient die sog. **Kurbelschleife** (Bild 3.5). Die Pendelbewegung verläuft beim Hingang mit wesentlich anderer Geschwindigkeit als beim Rückgang. Dieser Umstand ist beispielsweise bei hobelnden Werkzeugmaschinen willkommen, wo man den leeren Rückhub des Werkzeuges gern schnell, den Hingang (Arbeitshub) aber langsam haben möchte. Dieses Getriebe wird daher bevorzugt als Shapingmaschinenantrieb verwendet.

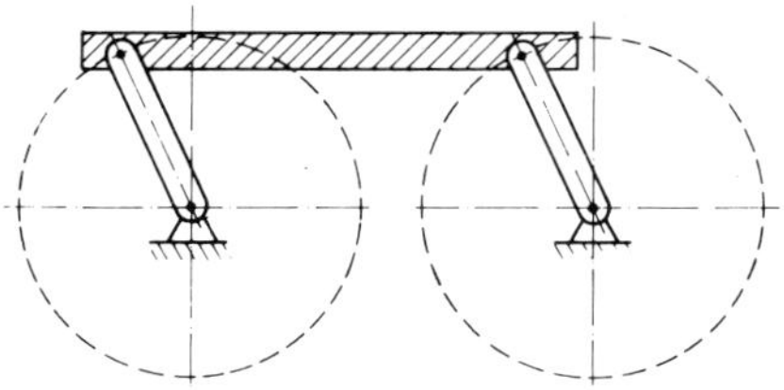

mehrfache Anwendung des Parallelkurbeltriebes bei einer Zeichenmaschine

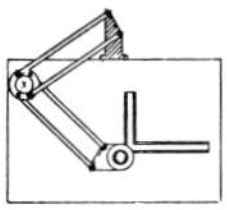

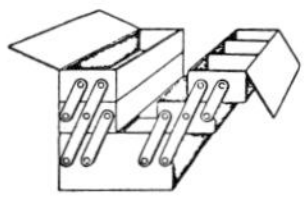

Werkzeugkasten mit Parallelkurbeln

Bild 3.4 Parallelkurbeltriebe

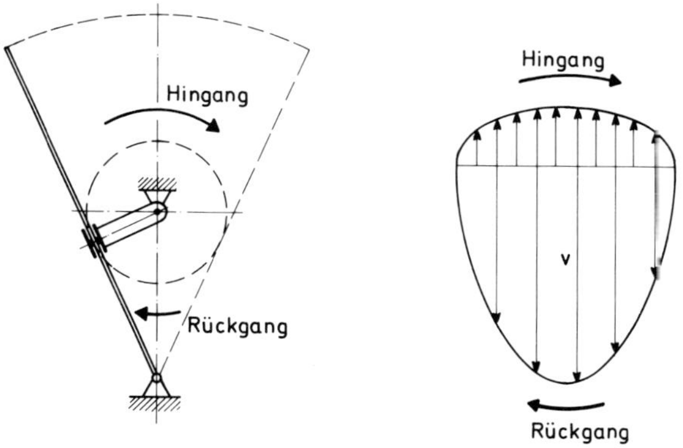

Schema einer Shapingmaschine

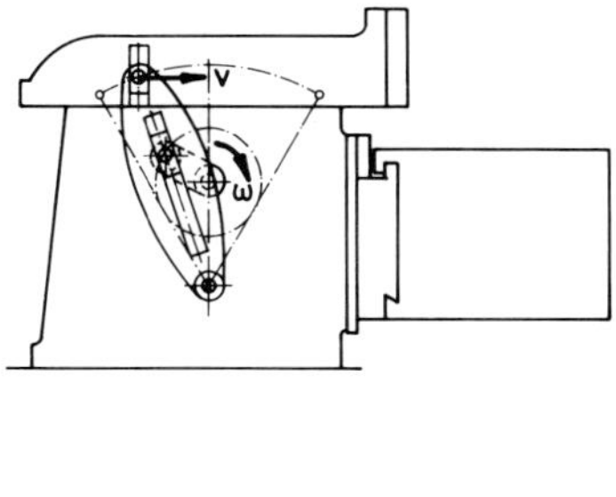

Bild 3.5 Kurbelschleife

3.2 Zahnradgetriebe

Durch ihren Zwangslauf erlauben sie eine schlupffreie Kraftübertragung und dienen meist zur Verminderung hoher Antriebsdrehzahlen auf kleine Abtriebsdrehzahlen an der Arbeitsmaschine. Beim Auto bedeutet dies, daß zwischen Motor und Fahrzeug ein Getriebe geschaltet wird, um die vorhandene Motorleistung bei jeder Fahrgeschwindigkeit zur Verfügung zu stellen. Dabei ist das Übersetzungsverhältnis für Drehzahl und Moment ganz allgemein:

$$\frac{n_1}{n_2} = \frac{M_2}{M_1} \qquad \text{(Gl. 3.4)}$$

Die verwendeten Werkstoffe (Graugruß, Mangan-, Molybdän- und gehärtete Stähle) sind besonders hochwertig, um den gesteigerten Ansprüchen an Verschleißbeständigkeit, Gleitfähigkeit, Dauerfestigkeit und Zähigkeit zu genügen. Zuweilen kommt für die Ritzel auch Bronze oder Rohhaut in Frage. Für geräuscharmen Lauf, aber geringen Belastungen, geht man zunehmend dazu über, Ritzel oder Rad aus Kunststoff zu fertigen.

Zur Schmierung und Wärmeabfuhr laufen Zahnradgetriebe meist in einem geschlossenen Gehäuse im Ölbad. Die mechanischen Leistungsverluste bewegen sich zwischen 1 und 4%.

Man unterscheidet Zahnradgetriebe mit parallelen, gekreuzten und sich schneidenden Wellen, für kleinste bis größte Leistungen, Drehzahlen und Gesamtübersetzungen. Zahnradgetriebe zeichnen sich aus durch hohe Betriebssicherheit, Lebensdauer, Überlastbarkeit und geringe Wartung, denen der höhere Preis, die größere Geräuschwirkung und die starre Kraftübertragung gegenüber steht. Die Verbindung der Antriebsmaschine mit dem Getriebe geschieht zweckmäßig durch eine elastische Kupplung, welche die Stoßbelastungen mildert.

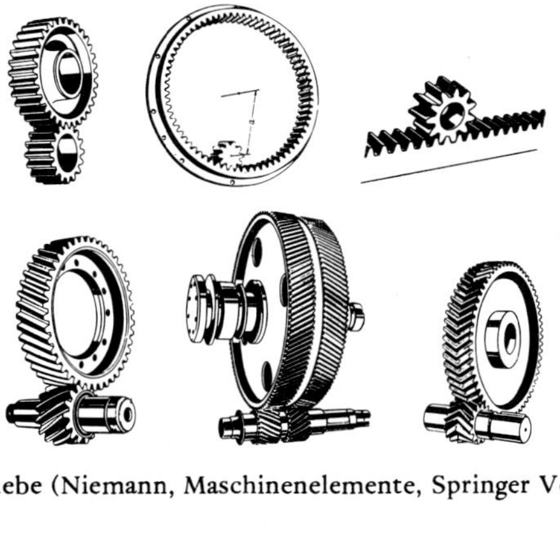

Bild 3.6 Stirnradgetriebe (Niemann, Maschinenelemente, Springer Verlag 1961)

Die Wahl der Räderpaarungen richtet sich nach der Lage der Welle zueinander, nach den Kräften und nach der Übersetzung. Es gibt Stirn-, Kegel-, Schnecken- und Schraubenräder. Dabei werden Gerad-, Schräg- und Bogenverzahnung unterschieden.

3.2.1 Stirnradgetriebe

Diese Getriebe haben parallele Wellen. Übersetzungen sind bis 8, in extremen Fällen bis 20, möglich.

Die einfachste Ausführung ist die sog. Gerad-Verzahnung mit achsparallelen Zahnflanken.

Als weitere, etwas kostspieligere Variante findet die Schräg-Verzahnung vielfältige Anwendung. Sie genügt höheren Anforderungen inbezug auf Tragfähigkeit und Laufruhe. Hierbei müssen jedoch die in Achsrichtung wirkenden Schubkräfte beherrscht werden. Zwei symmetrisch angeordnete, schrägverzahnte Stirnradpaare heben diese Schubkräfte allerdings wieder auf.

Vereint man zwei entsprechende schrägverzahnte Stirnräder miteinander, so erhält man Pfeil-Zahnräder, die geeignet sind größte Leistungen zu übertragen, ohne daß Seitenschub auftritt.

Schließlich wäre noch die Innen-Verzahnung zu nennen, die bei besonderen Fällen bevorzugt wird, wenn raumsparend gebaut werden muß und bei hohen Beanspruchungen. Besonderes Merkmal ist auch die gleiche Umlaufrichtung von Ritzel und Rad.

3.2.2 Kegelradgetriebe

Kegelgetriebe werden für sich schneidende bzw. versetzte Wellen verwendet, die sich mit relativ kleinem Achsabstand kreuzen. Übersetzungen sind bis zu

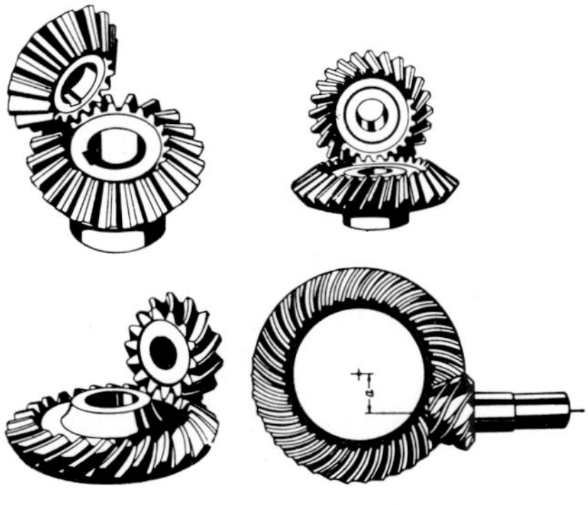

Bild 3.7 Kegelradgetriebe (Niemann, Maschinenelemente, Springer Verlag 1961)

6 möglich. Auch hier werden gerade-, schräg- und bogenverzahnte Getriebe unterschieden. Kegelgetriebe mit versetzten Achsen (Hypoidgetriebe) werden vielfach bei Hinterachsantrieben von Fahrzeugen verwendet.

3.2.3 Schneckengetriebe

Für gekreuzte Wellen und hohe Übersetzungen (bis zu 100) eignen sich Schneckengetriebe. Sie sind geräuschärmer und schwingungsdämpfender als alle anderen Zahnradgetriebe. Die Schnecke selbst ist stets der antreibende Teil.

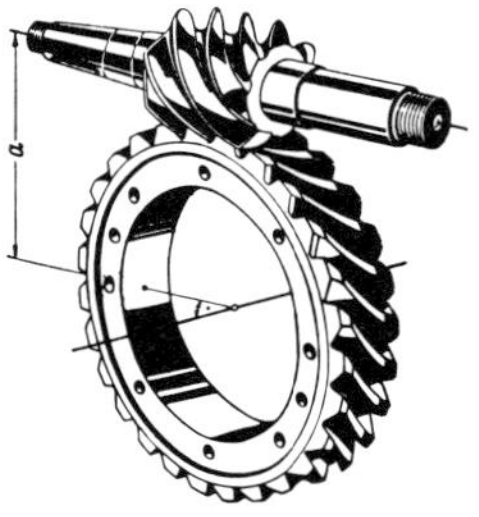

Bild 3.8 Schneckengetriebe (Niemann, Maschinenelemente, Springer Verlag 1961)

3.2.4 Schraubradgetriebe

Schraubradgetriebe werden ebenfalls für sich kreuzende Wellen verwendet, allerdings nur zur Übertragung geringer Leistungen. Die Schraubenräder sind nichts anderes als schrägverzahnte Stirnräder.

Bild 3.9 Schraubradgetriebe (Niemann, Maschinenelemente, Springer Verlag 1961)

3.2.5 Schalt- bzw. Wendegetriebe

Das Zwischenschalten eines Getriebes zwischen Kraftmaschine und Verbraucher wird in den Fällen notwendig, in denen die Kraftmaschine nicht in der Lage ist, bezüglich Drehmomenten und Drehzahlen den gesamten Arbeitsbereich des Verbrauchers zu befriedigen. Das Getriebe muß in der

Lage sein, sowohl Drehmoment bzw. Kraft als auch Drehzahl bzw. Geschwindigkeit den Bedürfnissen des Verbrauchers bei Ausnutzung der installierten Antriebsleistung anzupassen.

Bei Schaltgetrieben können verschiedene Übersetzungen je nach den Erfordernissen von Hand oder durch Hilfskraft gewählt werden. Schaltgetriebe bei Fahrzeugen ermöglichen hohe Zugkraft bei kleiner Geschwindigkeit, bei geringem Zugkraftbedarf aber hohe Geschwindigkeit, so daß die installierte Leistung möglichst gut ausgenutzt wird. Die ideale Zugkrafthyperbel kann jedoch in der Praxis wegen der Stufen nur angenähert erreicht werden (Bild 3.10). Die Güte der Anpassung hängt von der Drehmomentcharakteristik des Motors und von der Stufenzahl ab. Ottomotoren haben im oberen Drehzahlgebiet fallendes Drehmoment (günstige Büffelcharakteristik), daher bessere Anpassung an die Zugkrafthyperbel bei weniger Getriebestufen. Bei Dieselmotoren bleibt das Drehmoment ziemlich konstant, so daß auch viele Getriebestufen die Treppen nicht ganz vermeiden können.

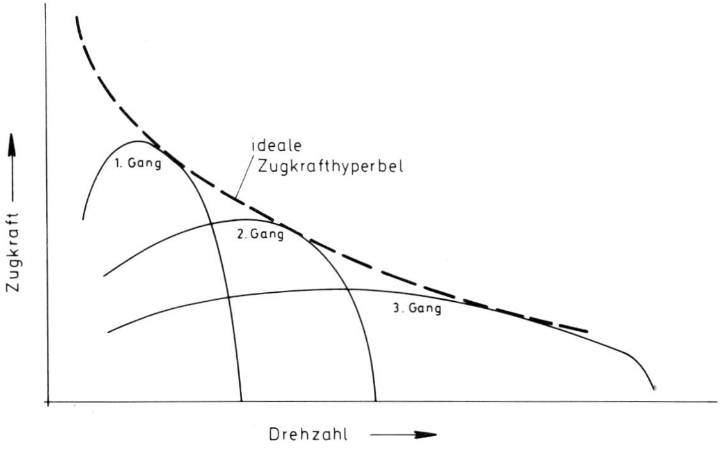

Bild 3.10 Zugkraft-Kennfeld

Bei Schaltgetrieben geht der Kraftfluß von der Antriebswelle auf die Vorgelegewelle und von dort über das jeweilig geschaltete Gangradpaar zur Abtriebswelle (Bild 3.11). Geschaltet wird dabei mittels Verschiebeträdern oder mittels Klauen-Kupplungen. Pkw-Getriebe haben 3 bis 5 Gänge, Nutzfahrzeuge 4 bis 12 Gänge. Getriebe mit mehr als 6 Gängen werden vorwiegend als Gruppengetriebe gebaut.

Wendegetriebe sind ebenfalls Schaltgetriebe. Sie gestatten die Umkehrung der Bewegungsrichtung bei Fahrzeugen, Drehwerken usw. mit oder ohne gleichzeitigem Wechsel der Übersetzung. Diese Getriebe werden entweder mit Kegelrädern oder mit Stirnrädern ausgeführt.

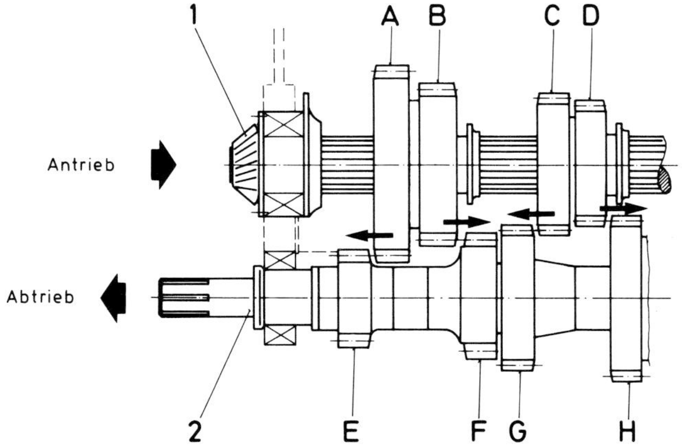

1 = Kegelradwelle
2 = Gegenwelle

A - E 1. Gang
B - F 2. Gang
C - G 3. Gang
D - H 4. Gang

Bild 3.11 Schaltgetriebe

3.2.6 Umlaufgetriebe

3.2.6.1 Planetengetriebe

Planetengetriebe bestehen im einfachsten Falle aus Sonnenrad, Planetenträger mit den Planeten und dem Außenkranz (Bild 3.12). Besonderes Merkmal ist der gleichachsige An- und Abtrieb.

Jedes der drei Glieder kann Antrieb oder Abtrieb oder auch festgehalten werden. In vielen Fällen ist An- und Abtrieb durch die Konstruktion starr und unveränderlich festgelegt. Andererseits können die Variationsmöglichkeiten aber auch mit Hilfe von schaltbaren Kupplungen und Bremsen voll ausgeschöpft werden (Tabelle 3.1). Das Hintereinanderschalten mehrerer Planetensätze ermöglicht beliebig viele Unter- bzw. Übersetzungsmöglichkeiten.

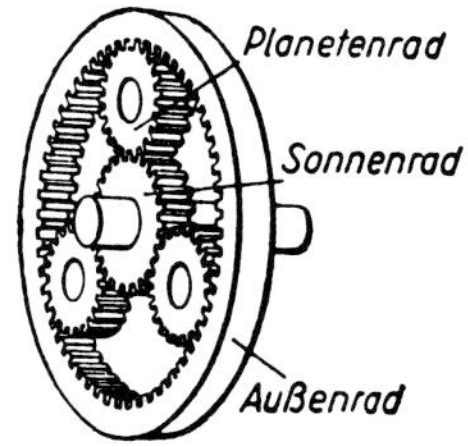

Bild 3.12 Planetengetriebe

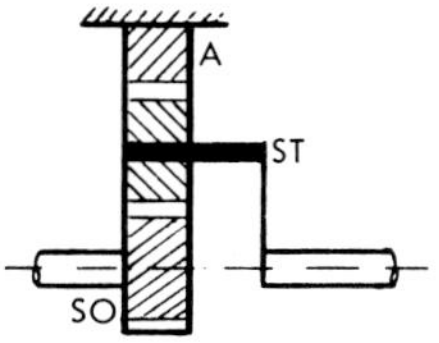

A = Außenkranz
ST = Steg mit Planeten
SO = Sonne

Antrieb	Abtrieb	fest
SO	ST	A
SO	A	ST
ST	SO	A
ST	A	SO
A	ST	SO
A	SO	ST

Tabelle 3.1 Übersetzungsmöglichkeiten beim Planetengetriebe

Planetengetriebe sind wegen der erhöhten Anforderung an die Genauigkeit in der Herstellung teuer. Durch die zentrale Anordnung der Zahnräder erlauben sie aber eine besonders kompakte Bauweise. Alle Räder sind ständig im Eingriff. Es gibt keine freien Lagerkräfte. Planetensätze sind geeignet, hohe Leistungen zu übertragen.

3.2.6.2 Ausgleichsgetriebe (Differential)

Das Ausgleichs-, auch Differentialgetriebe genannt, gleicht unterschiedliche Drehzahlen an den Antriebsachsen, z.B. bei Kurvenfahrt, ohne Schlupf aus.

Der Nachteil solcher Getriebe ist der, daß niemals mehr Drehmoment auf den Boden gebracht werden kann, als der geringste Fahrwiderstand an einem der angetriebenen Räder zuläßt. Rutscht in schwierigem Gelände (Eis, Schnee, Morast oder Sand) ein Rad durch, so ist Anfahren oftmals unmöglich, da die Räder mit größerem Haftwert einfach stehenbleiben. Abhilfe schaffen sog. **Differentialsperren,** die mit Hilfe von Klauenkupplungen beide Radachsen zwangskoppeln, so daß die Kraft gleichermaßen auf beide Räder geht.

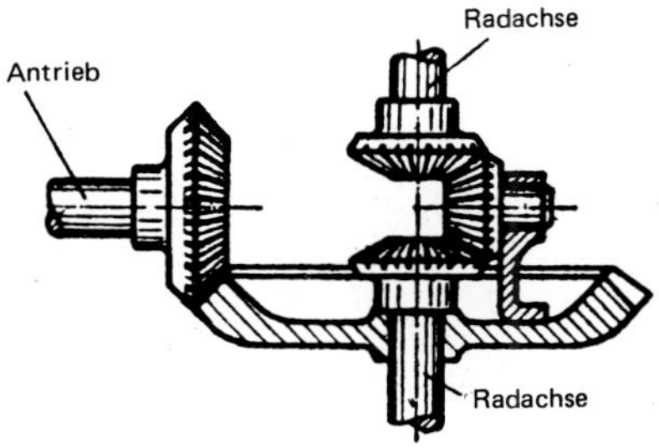

Bild 3.13 Ausgleichsgetriebe (BOSCH-Taschenbuch)

3.3 Hydrodynamische Getriebe

Das hydrodynamische Getriebe wird im Sprachgebrauch vielfach als **Drehmomentwandler** bezeichnet, obwohl dieser Ausdruck sinngemäß für jedes andere Getriebe genauso zutrifft. Früher waren diese Getriebe vorwiegend Schienenfahrzeugen und stationären Anlagen vorbehalten. Heute werden sie in steigendem Maße für Fahrbewegungen eingesetzt. Flüssigkeitsgetriebe nehmen derzeit eine überragende Stellung in der Getriebekonstruktion zahlreicher Baumaschinen ein. Die Erfindung des Drehmomentwandlers ermöglichte überhaupt erst den Bau lastschaltbarer Getriebe.

Der Drehmomentwandler benutzt zur Kraftübertragung die kinetische Energie strömender Medien. Die Grundidee beruht auf dem Zusammenwirken einer Kreiselpumpe mit einer Turbine (Bild 3.14). Die vom Motor angetriebene Pumpe speist über eine Rohrleitung eine Turbine, wo die hydraulische Energie in mechanische Arbeit umgewandelt wird, beispielsweise zum Antrieb einer Schiffsschraube. Eine Belastungsänderung an der Turbinenwelle hat auf die Leistungsabgabe des Motors kaum Einfluß. Der Motor kann auch nicht abgewürgt werden, selbst wenn das Turbinenrad festgebremst wird. Darin liegt der große Vorteil gegenüber den üblichen Kraftübertragungen, bei denen die mechanische Leistung unmittelbar übertragen wird. Allein mit diesem Prinzip wäre in der Technik nicht viel anzufangen, da eine derartige Einrichtung sehr viel Raum einnehmen und zu viel wiegen würde. Hinzu kommen hohe Rohrverluste, die den Wirkungsgrad empfindlich beeinträchtigen. Hier setzte die Erfindung Föttingers ein, der Pumpen- und Turbinenrad zusammen mit einem Leitrad in ein gemeinsames Gehäuse setzte, so daß nun der Energieaustausch auf kürzestem Wege vollzogen werden kann.

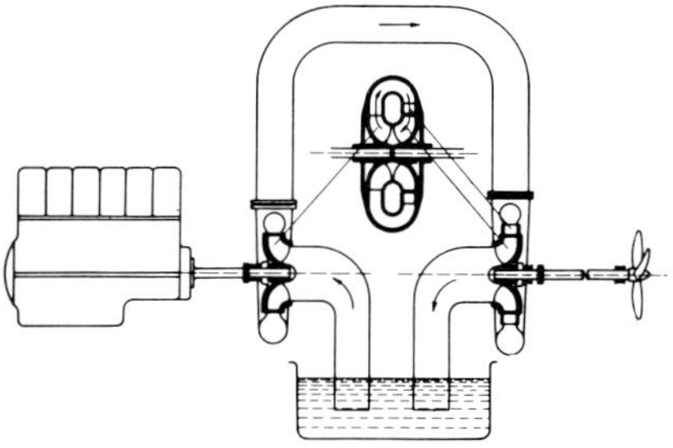

Bild 3.14 Grundprinzip eines hydrodynamischen Getriebes (Voith KG, Hildesheim)

Das Drehmoment wird dadurch übertragen, daß der im Pumpenteil des Wandlers beschleunigte Ölstrom im Turbinenteil wieder verzögert wird und seine Energie dort an die Abtriebswelle abgibt. Die Größe des abgegebenen Momentes hängt von der sog. "**Bewegungsgröße**" ab, die das Produkt aus

Masse und Geschwindigkeit (Impuls) ist. Durch die Umlenkung der Strömung im Turbinenrad wird die Strömgeschwindigkeit verzögert, d.h. die Bewegungsgröße wird teilweise (oder auch ganz) vernichtet, das Turbinenrad wird aber beschleunigt. Die Verzögerung der einzelnen Flüssigkeitströpfchen übt auf die Turbinenschaufeln Kräfte aus und ergibt durch Summation und Multiplikation mit dem jeweiligen Achsabstand das Moment. Je stärker die Umlenkung des Ölstroms ist, desto höher ist das abgegebene Moment. Dieses ist proportional der Änderung der Bewegungsgröße — das ist die Kraft — und dem mittleren Achsabstand. Man nennt das Produkt dieser Faktoren den **"Drall"**.

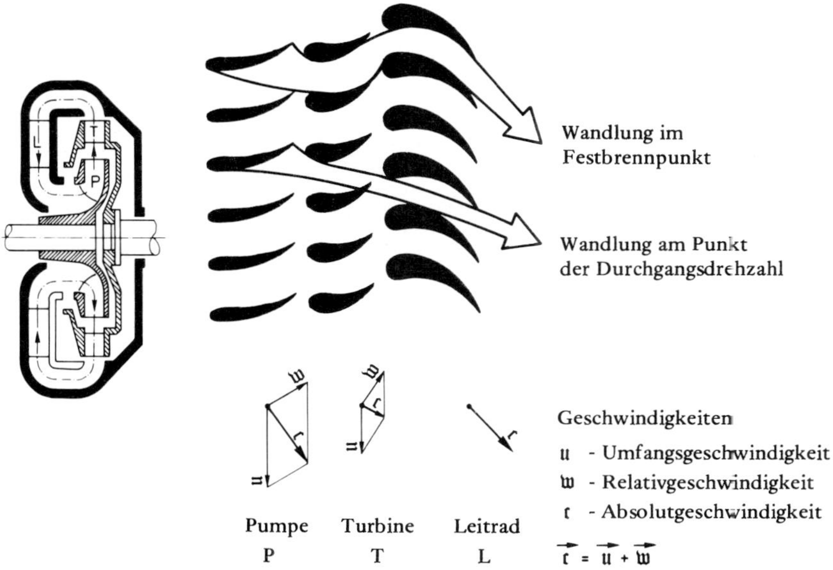

Bild 3.15 Strömungsverläufe, dargestellt mit Hilfe der Gitterabwicklung der einzelnen Schaufelräder

Mit der Umlenkung der Strömung im Turbinenrad allein ist es jedoch nicht getan. Das dritte Glied, das die Drehmomentwandlung überhaupt erst ermöglicht und die Differenz von Antriebs- und Abtriebsmoment aufzunehmen hat, ist das feststehende Leitrad.

$$M_{Pumpe} + M_{Turbine} + M_{Leitrad} = \Sigma M = O \qquad \text{(Gl. 3.5)}$$

Der aus dem Turbinenrad austretende, in negativer Richtung umgelenkte Flüssigkeitsstrom wird beim Durchgang durch das Leitrad in positive Richtung gelenkt und dem Pumpenrad wieder zugeführt. Dabei nimmt die Bewegungsgröße zu und vergrößert die vom Motor zu erzeugende Größe in positivem Sinne. Das Leitrad unterstützt gewissermaßen den Motor derart, daß die das Pumpenrad verlassende Flüssigkeit mit einer verstärkten Bewegungsgröße auf das Turbinenrad eine größere Kraft ausübt und ein höheres Drehmoment erzeugt.

Es gibt spezielle Konstruktionen, bei denen das Leitrad nicht fest, sondern über eine Einwegsperre (Freilauf) mit dem Gehäuse verbunden ist. Auf diese Weise kann das Abstützmoment nur in einer Richtung aufgenommen werden. Bei Umkehrung der Strömungsrichtung wird dann das Leitrad frei im Ölstrom ohne Reaktionsmoment mitrotieren. Der Wandler arbeitet in diesem Bereich nur als Kupplung und ist in der Lage, das Bremsmoment des Motors aufzunehmen. Dieses Prinzip wird als TRILOK-Wandler bezeichnet.

Der Drehmomentwandler gestattet eine Vervielfältigung des Motordrehmoments. Es ist bei festgebremster Turbine am größten. Unter dem Begriff "Wandlung im Festbremspunkt" versteht man die Vervielfältigung des Eigenmomentes, die bei festgebremster Abtriebswelle erreicht wird. Mit zunehmender Abtriebsdrehzahl nimmt der Übersetzungseffekt ab. Die Turbine paßt sich stufenlos und selbständig der gegebenen Belastung an, bis zu dem Punkt, bei dem Eingangs- und Ausgangsmoment gleich groß sind. Diesen Betriebspunkt bezeichnet man als **"Durchgangsdrehzahl"**.

Zwischen den genannten Betriebspunkten steigt der Wandlerwirkungsgrad von Null bis zu einem Maximalwert und fällt dann wieder ab (Bild 3.16). Das gewandelte Abtriebsdrehmoment ist beim Anfahren sehr groß und nimmt mit steigender Drehzahl stark ab. Ein Dieselmotor in Verbindung mit

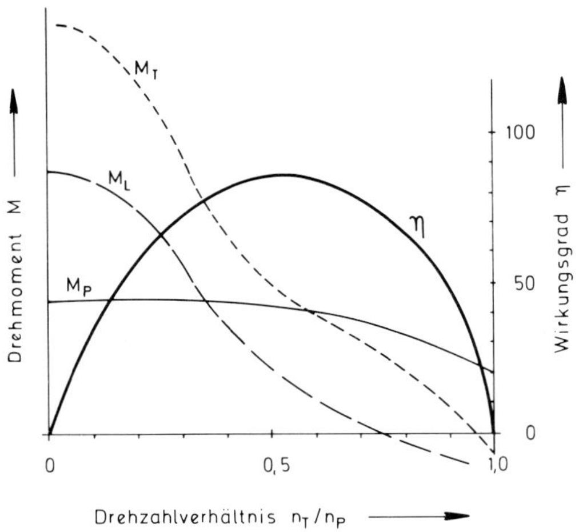

M_P = Antriebsdrehmoment (Pumpe)

M_T = Abtriebsdrehmoment (Turbine)

M_L = Reaktionsmoment (Leitrad)

Bild 3.16 Kennlinien des Drehmomentwandlers

einem Wandler verhält sich ähnlich wie eine Dampfmaschine oder ein Gleichstrom-Hauptschlußmotor. Diese Charakteristik ist für Fahrzeugantriebe besonders günstig.

Der Drehmomentwandler ist zwar von sich aus ein automatisches Getriebe, jedoch allein kein Ersatz für ein Fahrzeuggetriebe. Er ist eine brauchbare Lösung im Anfahrbereich und für zeitweise Wandlung innerhalb kleiner Bereiche, in denen man sich nicht dauernd aufhält. Bei Unter- bzw. Überbelastung ist der Betrieb sehr unwirtschaftlich, da ein großer Teil der vom Motor aufgewandten Energie nutzlos verbraucht wird. Es ist unstreitig, daß deshalb Antriebe mit Wandler einen etwas höheren Kraftstoffverbrauch haben, als solche mit normalem Schaltgetriebe. Dennoch überwiegen die Vorteile. Angestrebt wird ein breiter Arbeitsbereich mit möglichst hohem Wirkungsgrad. Um in dieser Richtung einen Vergleich der Wandler untereinander zu ermöglichen, wurde der Ausdruck der **Gebrauchswandlung** geprägt und willkürlich als das Wandlungsverhältnis zwischen dem Drehzahlverhältnis des oberen 70% Wirkungsgrad- und dem des unteren 70% Wirkungsgradpunktes definiert (Bild 3.17). Im allgemeinen liegt die Gebrauchswandlung zwischen 2:1 und 4:1, die Wandlung im Festbremspunkt bis 7:1.

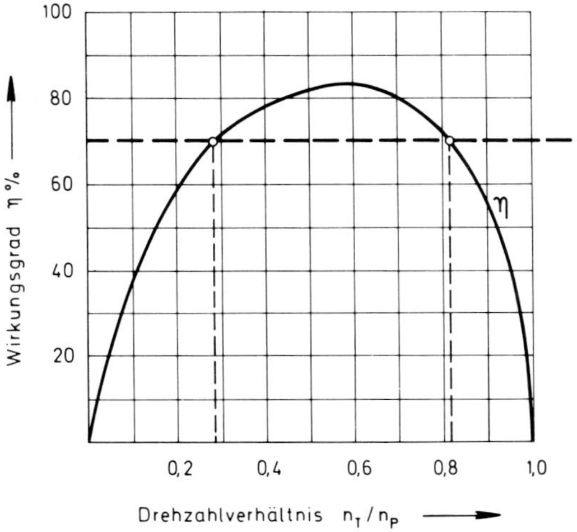

Gebrauchswandlung hier:

$$\frac{0{,}81}{0{,}27} = 3:1$$

Bild 3.17 Gebrauchswandlung

Während man noch vor wenigen Jahren die Vorteile, die der Wandler bietet, als wirtschaftlichen Faktor für schwere Erdbaumaschinen sah, geht jetzt die Tendenz dazu über, immer mehr Baumaschinen der mittleren und sogar der kleinen Baugrößen mit hydrodynamischen Getrieben auszurüsten. Darüberhinaus gewinnt die Verwendung des Differentialwandlers und des Mehrstufenwandlers immer mehr an Bedeutung.

Der **Differentialwandler** ist geeignet für Maschinen geringer Motorleistung. Er hat die Vorteile eines normalen Wandlers, vermeidet aber weitgehend dessen Nachteile, die sich aus dem schlechten Wirkungsgrad ergeben. Dieser Wandler dient hauptsächlich zum Anfahren. Mit zunehmenden Abtriebsdrehzahlen wird der hydrodynamische Kraftweg allmählich abgebaut und der Kraftfluß über ein mechanisches Getriebe geleitet. Ab einem bestimmten Betriebspunkt wird der Wandler dann ganz abgeschaltet.

Der **Mehrstufenwandler** erlaubt eine weitere Getriebestufung infolge seiner extrem hohen Gebrauchswandlung. Dieser Vorteil muß jedoch durch einen im ganzen gesehen schlechteren Wirkungsgrad erkauft werden. Solche Wandler werden daher nur in Maschinen mit hoher Motorenleistung verwendet.

3.4 Hydrostatische Getriebe

Die hydrostatische Kraftübertragung beruht auf der Grundlage des physikalischen Gesetzes von der Druckausbreitung in Flüssigkeiten. Die technische Anwendung größeren Ausmaßes entwickelte sich erst in den fünfziger Jahren. Heute ist auf allen Gebieten des Maschinenbaus, und insbesondere bei den Baumaschinen, die Hydrostatik nicht mehr wegzudenken.

Hydrostatische Getriebe erlauben Bewegungen über gewisse Entfernungen ohne großen mechanischen Aufwand zu übertragen. Die wichtigste Aufgabe der Leistungsübertragung ist meist die Wandlung von Drehzahl und Drehmoment. Die Forderung nach stufenloser Getriebeübersetzung wird von hydrostatischen Getrieben in vollendeter Weise erfüllt und zwar im Bereich vom Stillstand bis zur Höchstdrehzahl in beiden Richtungen. Das geschieht ohne Vernichtung von Nutzenergie in einer Reibungskupplung oder dgl. mit relativ geringen Verlusten.

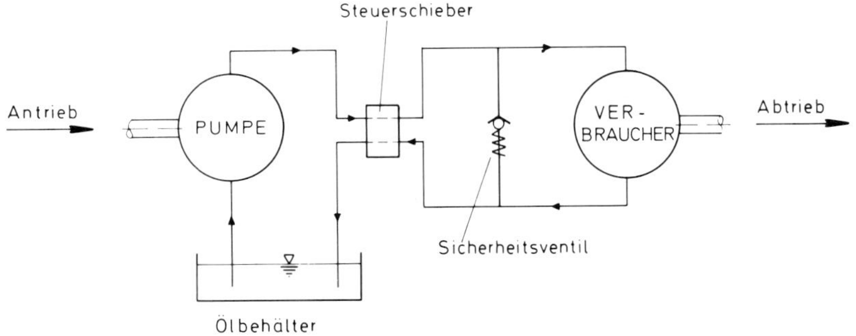

Bild 3.18 Schema eines hydrostatischen Getriebes

Anwendung

Ein ideales Anwendungsfeld sind unsere Baumaschinen, denn hier werden neben den kreisenden Bewegungen auch häufig geradlinige benötigt. Die vielfältigen, teilweise überlagerten Arbeitsbewegungen eines Baggers z.B. erfordern zwischen der Antriebsmaschine und dem Verbraucher sehr aufwendige mechanische Elemente zur Übertragung des Kraftflusses. Hier gestattet die Hydrostatik besonders elegante Lösungen, wenn es um die Verzweigung großer Kraftmaschinenleistungen an eine Vielzahl von Arbeitsmaschinen geht.

Aufbau und Arbeitsweise

Hydrostatische Getriebe bestehen aus: Pumpe, Arbeitsmaschinen, Ölleitungen Ölbehälter, Steuerschieber, Druck- und Wegeventile. Die Bauteile haben heute einen solchen Reifegrad erreicht, daß die Betriebssicherheit jederzeit gewährleistet ist. Sie sind in großer Typenvielfalt auf dem Markt und erlauben für jeden speziellen Fall das bestgeeignete Glied einzusetzen. Zur Druckerzeugung dienen Verdrängerpumpen wie Zahnrad-, Flügelzellen- und Kolbenpumpen. Als Arbeitsmaschinen finden neben Hydraulikzylindern im wesentlichen die gleichen Bauarten wie bei den Pumpen Verwendung, d.h. Pumpen können auch als Motore betrieben werden und umgekehrt. Die Kraftmaschinenleistung wird durch den Druck und den Durchsatz einer Flüssigkeit,

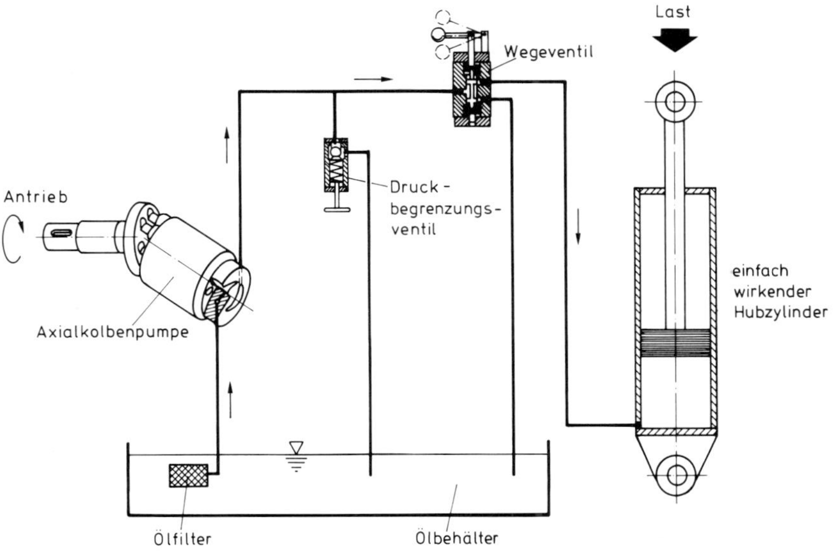

Bild 3.19 Einfaches hydraulisches Hubgerät

die formschlüssig zwischen Motor und Pumpe liegt und eine nahezu starre Verbindung darstellt, verzögerungsfrei übertragen. Drucksicherheitsventile schützen gegen Überlastung.

Das Wandlungsverhältnis kann nur dann variiert werden, wenn mindestens eine der Maschinen (Pumpe oder Motor) ein regelbares Verdrängungsvolumen hat. Sind beide Glieder regelbar, so kann der nutzbare Übersetzungsbereich noch wesentlich erweitert werden. Die Grenze für das Wandlungsverhältnis liegt in dem größtzulässigen Druck. Die Abtriebsgeschwindigkeit am Verbraucher entspricht direkt dem Öldurchsatz. Der Kraftaufwand wird durch den Öldruck gedeckt. Das Produkt ergibt die umgesetzte Leistung.

$$N = \frac{p \cdot Q}{450} \text{ [PS]} = \frac{p \cdot Q}{623{,}7} \text{ [kW]} \qquad \text{(Gl. 3.6)}$$

wobei

N	[PS]	bzw.	[kW]
Q	[l/min]	bzw.	[dm^3/min]
P	[kp/cm^2]	bzw.	[bar]

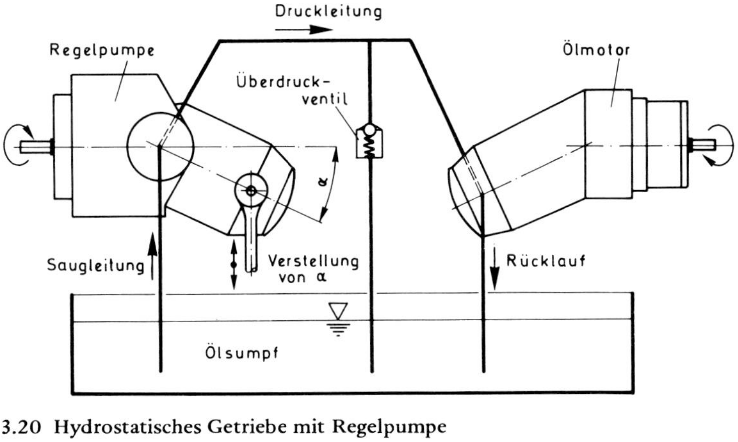

Bild 3.20 Hydrostatisches Getriebe mit Regelpumpe

In vielen Fällen fördern die Pumpen unabhängig von der Belastung eine konstante Ölmenge (Konstantpumpe). Bei derartigen Anlagen treten gemäß Gl. 3.6 entsprechende Leistungsverluste auf, wenn die Anlage in einem Bereich arbeitet, der unter dem maximal möglichen Betriebsdruck liegt. Dieser Nachteil läßt sich durch die Verwendung leistungsgeregelter Pumpen vermeiden. Hierbei gleicht sich die Fördermenge automatisch dem Betriebsdruck derart an, daß die Antriebsleistung ständig voll ausgenutzt wird. Dies

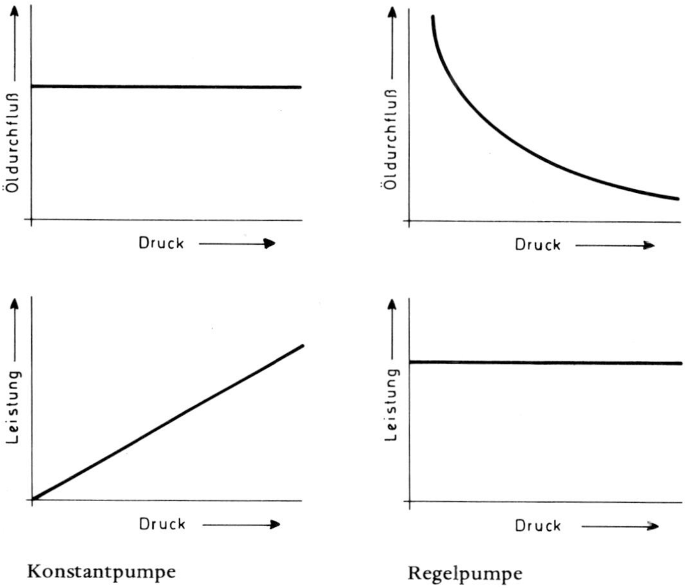

Bild 3.21 Betriebsverhalten von Konstant- und Regelpumpe

bedeutet für die Praxis, daß bei sinkender Belastung dafür schneller gearbeitet werden kann und daß bei geringer Arbeitsgeschwindigkeit dafür hohe Kraftreserven zur Verfügung stehen.

Die Bewegungsabläufe werden mit Hilfe der Wegeventile gesteuert, die in der Lage sind, die Förderströme zu öffnen, zu schließen, zu vertauschen, zu verzweigen oder zu vereinen. Das bedeutet, daß Arbeitsbewegungen nicht nur in Gang gesetzt oder abgeschaltet werden können. Hydrostatische Getriebe gestatten die mühelose Richtungsumkehr von Bewegungen und ersetzen somit mechanische Wechselgetriebe. Ebenso bereitet die Leistungsverzweigung keinerlei Schwierigkeiten, da mehrere Zylinder bzw. Motoren mit Hilfe von Wegeventilen gleichzeitig oder nacheinander betrieben werden können. Die leichte Anzapf- bzw. Aufteilbarkeit eines hydrostatischen Systems, bei dem die einzelnen Glieder nur durch Rohrleitungen miteinander verbunden sind und die freizügige Anordnung der einzelnen Bauelemente erlaubt, läßt die meisten Antriebsprobleme auf elegante Weise lösen. Zudem erfüllt das hydrostatische Getriebe sowohl die Funktion einer Reibungskupplung als auch einer Betriebsbremse, sofern es sich um einen geschlossenen Ölkreislauf handelt. Daher werden offene Kreisläufe nicht für den Fahrantrieb angewendet; sie bleiben ausschließlich Anlagen mit Arbeitszylindern vorbehalten.

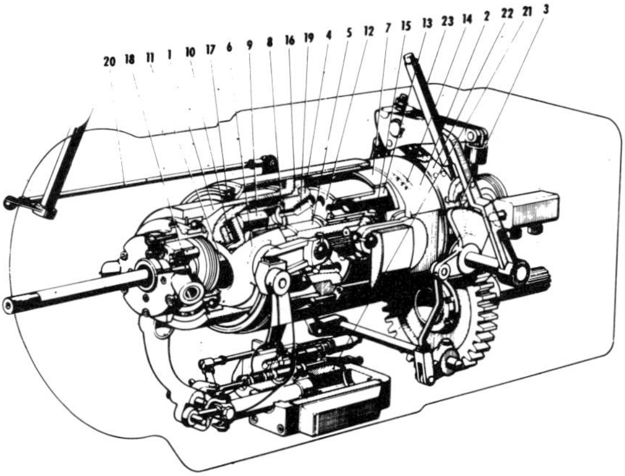

1 Umlaufgehäuse - Primärteil
2 Umlaufgehäuse - Sekundärteil
3 Abtriebsritzel
4 Steuerscheibe
5 Steuerachse
6 Schwenkkörper - Primärseite
7 Schwenkkörper - Sekundärseite
8 Kolbentrommel
9 Kolben } der Primärseite
10 Hauptaxiallager
11 Antriebswelle
12 Kolbentrommel
13 Kolben } der Sekundärseite
14 Hauptaxiallager
15 Festhaltewelle
16 Verstellhülse
17 Kugellager
18 Füllpumpe
19 Verbindungskanäle zwischen der Primär- und Sekundärseite der Steuerscheibe
20 Gestänge für Wandlerverstellung
21 Servo-Verstellgerät
22 Handbremse
23 Handbremshebel

Bild 3.22 Perspektivischer Längsschnitt durch ein hydrostatisches Einbaugetriebe, System Allgaier-Werke GmbH, Uhingen

Vorteile hydrostatischer Getriebe

Die großen Vorteile hydrostatischer Getriebe, die in zunehmendem Maße die herkömmlichen mechanischen Getriebe für die Fahr- und Arbeitsfunktionen von Baumaschinen ablösen, sind nachfolgend nochmals zusammengefaßt:

- stufenlose Unter- bzw. Übersetzung von Geschwindigkeiten,
- Richtungsumkehr von Bewegungen,
- Umwandlung von Drehbewegungen in geradlinige und umgekehrt,
- rasche Beschleunigung von Null auf Höchstgeschwindigkeit,
- ruckfreies Anfahren mit hoher Kraft,

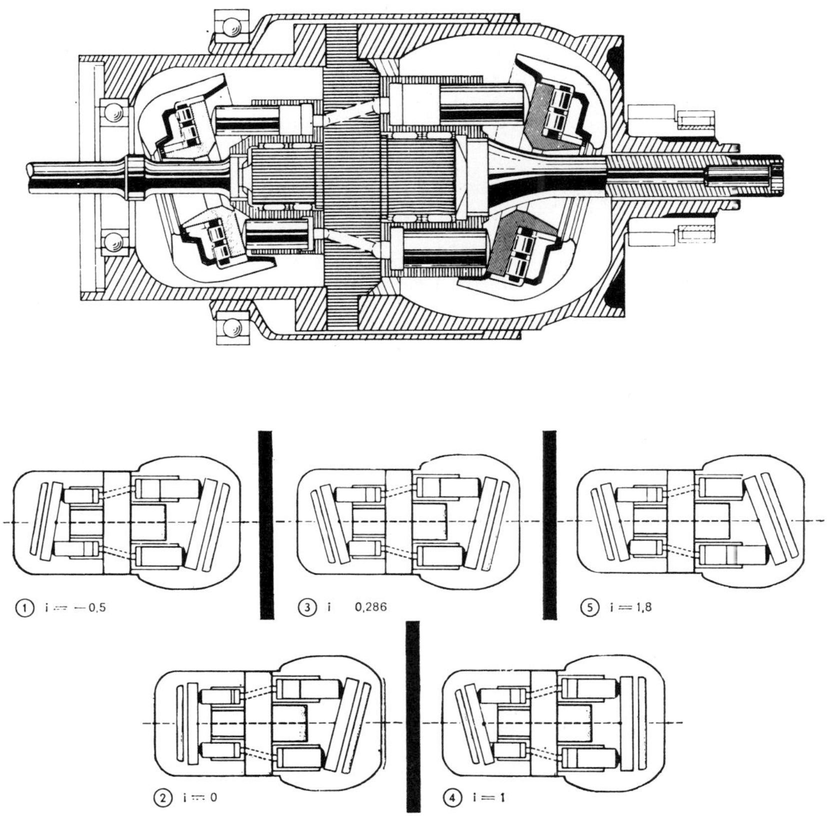

Bild 3.23 Schnitt durch einen hydrostatischen Wandler
charakteristische Getriebestellungen über den gesamten Übersetzungsbereich
Allgaier-Werke GmbH, Uhingen

- einfache, verzögerungsfreie und feinfühlige Steuerung bei der Umformung von Geschwindigkeiten,
- komfortable und ermüdungsfreie Bedienung,
- hohe Ausnutzung der Antriebsleistung, d.h. hohe Wirtschaftlichkeit,
- erfüllt die Funktion von Schalt- bzw. Umkehrgetriebe, Reibungskupplung und Betriebsbremse
- Einsparung von mechanischen Übertragungselementen
- erlaubt die Verzweigung großer Kraftmaschinenleistungen an eine Vielzahl von Arbeitsmaschinen über räumliche Enfernungen (ähnlich wie bei der Elektrotechnik), da einfache Führung der Kraftwege,

– gute Überlastbarkeit, Zuverlässigkeit und lange Lebensdauer,
– kleine Bauweise, geringes Gewicht, hohe Leistungsdichte, kleine Schwungmassen, größte Kräfte auf kleinstem Raum, und zwar an der Stelle, wo sie gebraucht werden.

Nachteile hydrostatischer Getriebe

Daneben dürfen die Schattenseiten nicht unerwähnt bleiben. Verluste durch Lecköl sind unvermeidbar und müssen laufend kontrolliert werden. Die hohen Drucke bewirken größte Beanspruchung in den Bauteilen. Das erfordert teure Werkstoffe, engste Toleranzen und höchste Fertigungsqualität, was den Herstellungspreis in die Höhe treibt.

Der hydraulische Wirkungsgrad bei der Energieumformung liegt deutlich unter dem entsprechender mechanischer Getriebe. Trotzdem wird, im Ganzen gesehen, die Motorleistung besser ausgenutzt, als dies mechanische Getriebe aufgrund ihrer Bauweise können. Oftmals entscheidet eine besondere Eigenschaft, welche Gattung am besten geeignet ist. Erst die Abwägung aller Vor- und Nachteile ergibt den sogenannten Nutzungsgrad.

Anwendung

Hydrostatische Getriebe werden in allen Bereichen der Baumaschinen verwendet. Ob es nun Drehwerke für Bagger sind oder die Arbeitszylinder für Grabbewegungen oder Fahrgetriebe oder Windwerke für Hubeinrichtungen usw., immer kommen die Hauptvorteile einer einfachen Steuerung und eines hohen Nutzungsgrades zum Tragen.

Beliebt sind auch hydraulische Servoeinrichtungen. So wird z.B. bei einer hydraulischen Hilfskraftlenkung die Lenkkraft des Maschinisten hydrostatisch verstärkt und auf die Räder übertragen. Dadurch entfällt die mechanische Verbindung vom Lenkrad zum Lenkgestänge völlig.

Die Hydroeinheiten (Pumpen, Ölmotore, Ventilblöcke und Ölbehälter) können bei Flurförderzeugen auf engstem Raum zu einbaufertigen Achsgetrieben zusammengefaßt werden. Die gedrängte Konstruktion unterscheidet sich äußerlich kaum noch von einer mechanischen Differentialachse. Für Ausführungen mit Allradantrieb wurden auch hydrostatische Differntialsperren entwickelt.

Die Hydrostatik fand in ihren Anfängen nur zögernd Zustimmung beim Publikum. Bei den Baggern wurde zunächst probiert, einzelne Arbeitsbewegungen hydraulisch auszuführen, während die übrigen noch durch die klassische Seilführung gesteuert waren. Dann erschienen Geräte mit hydraulischer Arbeitskinematik. Im weiteren Verlauf bezog man auch das Schwenkwerk mit ein und schließlich kamen Vollhydraulikbagger auf den Markt, bei denen mit letzter Konsequenz auch noch der Fahrantrieb hydraulisch betätigt wird.

Auch bei Schaufelladern können die besonders hohen Anforderungen an die Steuerung befriedigt werden. Hier verlagert sich die Leistungsaufnahme während der verschiedenen Arbeitsphasen zwischen Grabwerk und Fahrhydraulik in einem immer wechselnden Verhältnis.

Bei Vibrationswalzen lassen sich mit stufenlosen hydrostatischen Getrieben durch unabhängige Steuerbarkeit von Vibrationsfrequenz und Fahrgeschwindigkeit bestmögliche Verdichtungsgrade erreichen.

Heute ist die breite Anwendung der Hydrostatik bei Leistungsgeräten wie Bagger, Fahrzeugkipper, Mischer, Gabelstapler, Betonpumpe, Biegemaschine usw. kaum noch wegzudenken. Die stürmische Entwicklung auf allen Gebieten des maschinellen Baubetriebs ging Hand in Hand mit immer neuen Forderungen nach mehr Leistung, mehr Wirtschaftlichkeit und mehr Qualität. Es kann mit Sicherheit angenommen werden, daß die Hydrostatik auch in Zukunft ihre zentrale Rolle in der Triebwerkstechnik beibehält.

3.5 Hydromechanische Getriebe (Lastschaltgetriebe)

Hydromechanische Getriebe wurden erstmalig in Amerika entwickelt und fanden nach dem 2. Weltkrieg dort breite Anwendung, insbesondere bei Kraftfahrzeugen und Erdbewegungsmaschinen. Diese Getriebe sind unter Last schaltbar. Der Schaltvorgang kann manuell oder auch automatisch vorgenommen werden.

Verbrennungsmotoren haben für den Fahrantrieb bekanntlich wenig günstige Eigenschaften. Der fehlende Selbstanlauf, die geringe Veränderlichkeit des Drehmoments über der Drehzahl und die Gefahr des Abwürgens im unteren Drehzahlbereich machen eine Reihe von Zusatzeinrichtungen erforderlich.

Die Kupplung zusammen mit einem mechanischen Schaltgetriebe ermöglicht eine brauchbare Annäherung an die ideale Zugkrafthyperbel, wie es der Fahrbetrieb erfordert. Damit es es möglich, ein Fahrzeug ohne Schwierigkeiten zu bedienen, doch muß der Fahrer beim Schalten die Kupplung betätigen, was Zeit und Aufmerksamkeit erfordert. Es bleiben daher Wünsche an den Bedienungskomfort offen, die darauf hinzielen, die Kraftübertragung lastschaltbar zu machen.

Beim hydrodynamischen Drehmomentwandler gelingt zwar die stufenlose und automatische Anpassung der Momente an die Betriebsverhältnisse recht gut, doch deckt der Wandler nur einen Teil des Betriebsbereiches ab. Der entscheidende Vorteil liegt jedoch darin, daß nachgeschaltete Zahnradgetriebe unter Last geschaltet werden können. Der Übergang zu solchen Getrieben stellt eine der bemerkenswertesten Entwicklungen in der Getriebekonstruktion für Baumaschinen dar. Der Maschinist braucht bei der Erfüllung seiner Aufgaben lediglich über die Geschwindigkeit seines Fahrzeuges zu entscheiden. Der sekundenschnelle Wechsel von Fahrtrichtung und Geschwindigkeit verkürzt das Arbeitsspiel und erhöht die Arbeitsleistung. Der Motor kann auch nicht mehr abgewürgt werden, wie das bei herkömmlichen Schaltgetrieben der Fall ist. Kupplungsverschleiß – besonders durch Schleifenlassen der Kupplung während kritischer Arbeitsphasen beim Überwinden hoher Fahrwiderstände – braucht nicht befürchtet zu werden. Schaltfehler sind von vornherein ausgeschlossen.

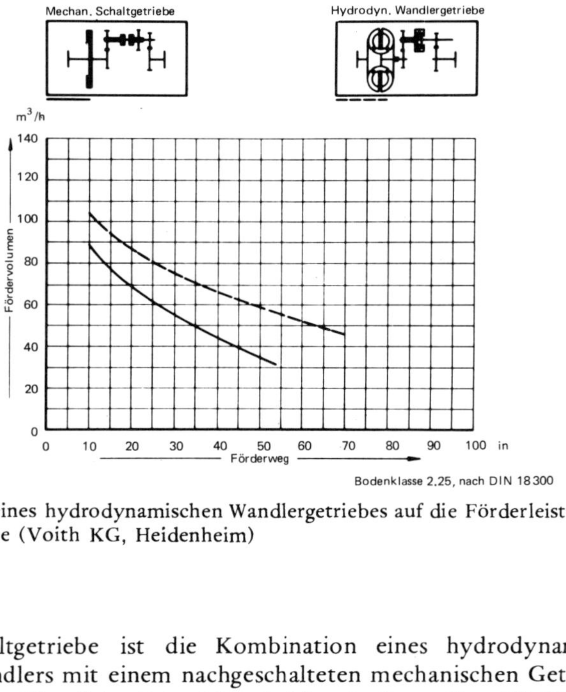

Bild 3.24 Einfluß eines hydrodynamischen Wandlergetriebes auf die Förderleistung einer Laderaupe (Voith KG, Heidenheim)

Ein Lastschaltgetriebe ist die Kombination eines hydrodynamischen Drehmomentwandlers mit einem nachgeschalteten mechanischen Getriebe in Planetenbauweise. Sämtliche Zahnräder sind in ständigem Eingriff. Die Gänge werden über Lamellenkupplungen meist ölhydraulisch geschaltet. Die Impulse erfolgen durch Betätigung von Schiebern im Steuerblock des Getriebes. Das Schalten geschieht unter Last in Sekundenschnelle ohne Zugkraftunterbrechung. Die Steuerhydraulik ist so feinfühlig und schnell, daß der Weg des Kraftflusses innerhalb des Getriebes außerordentlich rasch verlegt werden kann. Die schwingungs- und stoßdämpfende Wirkung des Strömungswandlers ist dabei in jedem Betriebszustand gewährleistet. Hydromechanische Getriebe dürfen daher höchsten Beanspruchungen ausgesetzt werden und sind vorzugsweise für den Einbau der Baumaschinen geeignet.

Besonders im gleislosen Erdbau, wo sich ständig wechselnde Arbeitswiderstände ergeben, bietet das Lastschaltgetriebe wesentliche Vorteile, weil der Fahrer nicht zu kuppeln braucht. Soweit entlastet, kann er sein Augenmerk ganz den Arbeitsvorgängen widmen. Die Motorleistung wird wesentlich besser ausgenutzt als bei rein mechanischen Getrieben, da keine Kraftflußunterbrechung und auch kein Abwürgen des Motors während entscheidender Arbeitsphasen auftritt. Die höhere Leistungsfähigkeit, das Wegfallen von Kupplungsverschleiß und die Schonung der Maschinenteile durch sanfte Kraftübertragung gleichen den hohen Anschaffungspreis und den geringeren Wirkungsgrad gegnnüber rein mechanischen Getrieben voll aus.

Wie schon mehrfach betont, sind die Verluste bei der Energieübertragung in Flüssigkeitsgetrieben merklich höher als in mechanischen Getrieben. Daher wurden Getriebesysteme entwickelt, die einerseits die Vorteile des Wandlers aufweisen, andererseits aber dessen Nachteile weitgehend vermeiden. Vor allem möchte man die hydrodynamische Wandlung für den Anfahrbetrieb zur Verfügung haben, aber bei wachsender Geschwindigkeit die Energieübertragung zunehmend auf mechanische Bauteile verlagern, um dadurch auf bessere Gesamtwirkungsgrade zu kommen.

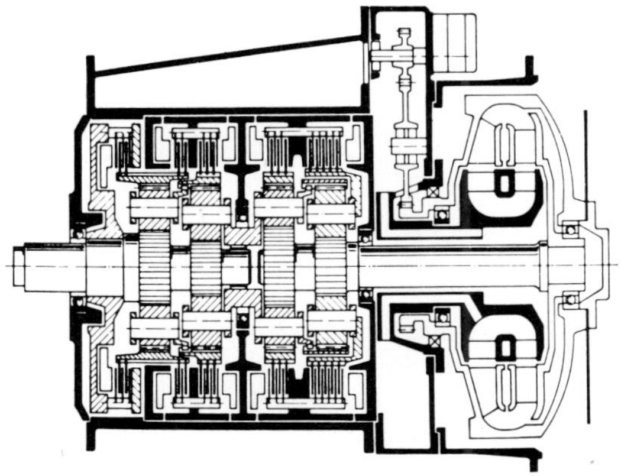

Bild 3.25 Lastschaltbares Wandler-Planetengetriebe Voith KG, Heidenheim

Dieses Bestreben führt zu bemerkenswerten **Leistungsverzweigungs-Getrieben.** Bei diesen wird der Energiestrom gewöhnlich in zwei Stränge so aufgeteilt, daß ein Teil der Leistung rein mechanisch über den Planetentrieb weitergeleitet wird, der andere Teil aber auf dem hydrodynamischen Kraftweg bei zunehmenden Abtriebsdrehzahlen nach und nach verringert wird. Ab einem bestimmten Betriebspunkt wird der Wandler dann ganz abgeschaltet. Die Leistung wird dann rein mechanisch mit geringen Verlusten übertragen.

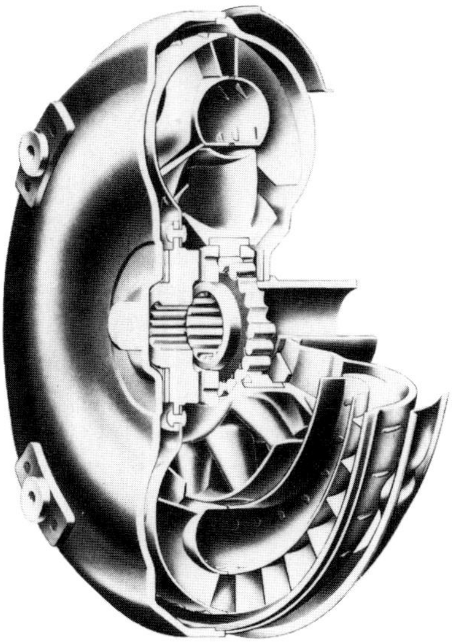

Bild 3.26 TRILOK-Wandler mit freilaufgelagertem Leitrad Fichtel & Sachs AG, Schweinfurt

Diese Art von Strömungswandlern, die aufgrund ihrer Konstruktion in der Lage sind, die Leistungsübertragung vom hydrodynamischen auf den mechanischen Zweig zu verlagern, nennt man **Differentialwandler.** Der entscheidende Anlaß zur Entwicklung dieser Getriebe war der sogenannte TRILOK-Wandler, eine Erfindung der deutschen Professoren Spannhake und Kluge an der Technischen Hochschule Karlsruhe im Jahre 1929. Der Drehmomentwandler ist so ausgebildet, daß das Leitrad, das normalerweise auf dem Gehäuse fest verbunden ist, nicht dauernd festgehalten wird, sondern durch einen Freilauf nur in einer Richtung gegen Rückwärtsdrehen gesperrt ist. Sobald aber der Drehsinn des am Leitrad wirkenden Momentes sich umkehrt, kann das Leitrad frei umlaufen. Es kann so kein Reaktionsmoment aufnehmen. Der Drehmomentwandler ist zur Kupplung geworden. Antriebs- und Abtriebsmoment sind gleich groß. Erreicht die Turbine eine höhere Umlaufsgeschwindigkeit als die Pumpe, so wird das Abtriebsdrehmoment kleiner als das des Antriebs. Das Leitrad löst sich und schließt sich an das Turbinenrad an.

Es kann mit Sicherheit angenommen werden, daß diese Getriebegattung mit ihren vielfältigen Möglichkeiten und Abwandlungen in Zukunft immer mehr an Bedeutung gewinnen wird.

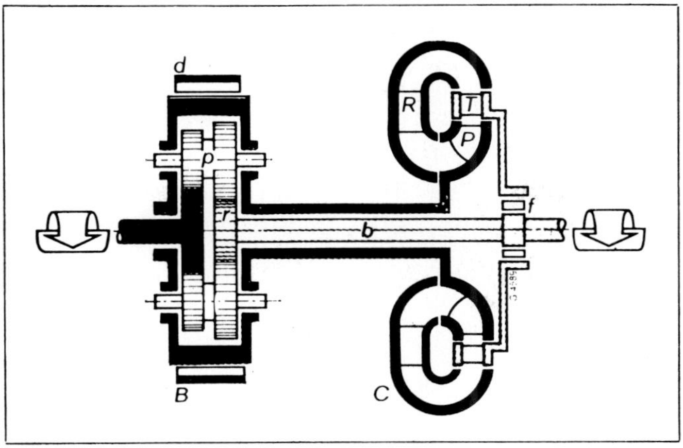

Prinzipieller Aufbau des Differentialwandlers bei einem Voith-DIWA-Getriebe

B	Verteilergetriebe	b	Zwischenwelle
C	Strömungswandler	d	Verteilgetriebe-Bremse
P	Pumpenrad	f	Freilauf
T	Turbinenrad	p	Planetenräder
R	Reaktionsglied (Leitrad)	r	Sonnenrad

Bild 3.27 Wandlerplanetengetriebe mit Leistungsverzweigung Voith KG, Heidenheim

3.6 Reibradgetriebe

Die Kraftübertragung erfolgt lediglich durch Reibung. Durch geringe Verschiebung eines der beiden Reibräder kann die Bewegungs- und Kraftübertragung augenblicklich unterbrochen werden. Nachteilig ist die Lagerbelastung durch den notwendigen Anpreßdruck und der Verschleiß an den Reibflächen. Dafür sind Reibradgetriebe einfach im Aufbau und billig in der Anschaffung. Der Wirkungsgrad bei der Leistungsübertragung liegt mit 85 bis 95% deutlich unter dem von Zahnradgetrieben. Die Verluste treten als Folge der Reibung durch den Schlupf, der beim Abwälzen der Reibräder gegeneinander auftritt, in Erscheinung. Schlupf ist aber mitunter erwünscht, um die Triebwerksteile vor Überlastungen und Stößen zu schützen.

Die Vielzahl der stufenlos regelbaren Reibradgetriebe kann auf wenige Grundformen zurückgeführt werden. Man unterscheidet Getriebe mit Planrädern, kegeligen oder kugeligen Reibkörpern. Der Antrieb kann aus beiden

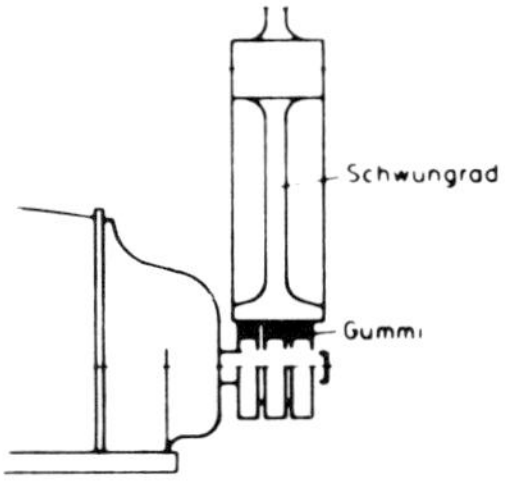

Reibradgetriebe mit Gummi-Mehrscheiben-Reibrad

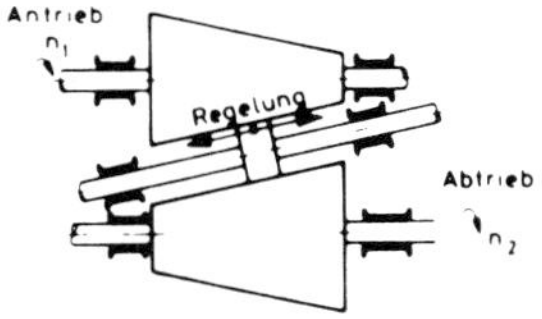

Reibradgetriebe mit kegeligen Wälzkörpern

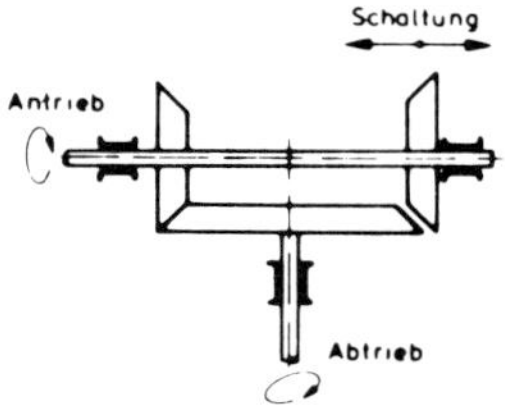

Wendegetriebe mit Kegelscheiben

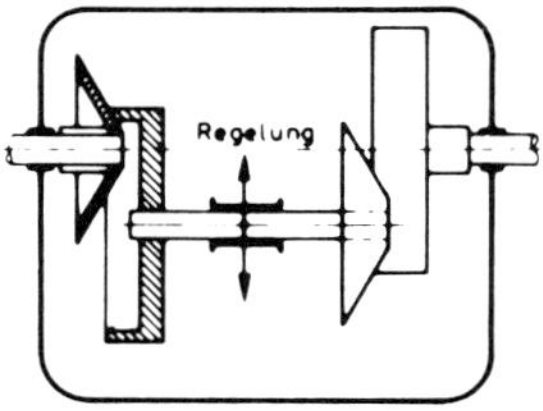

Gleichachsiger Reibradantrieb mit Topfscheiben

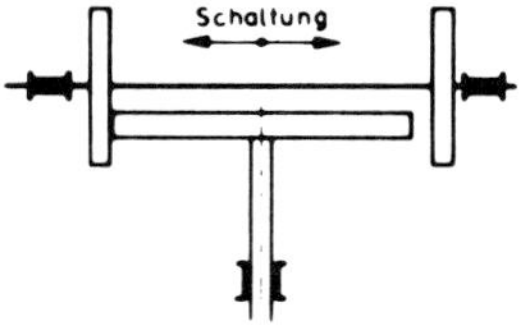

Wendegetriebe mit Planscheiben

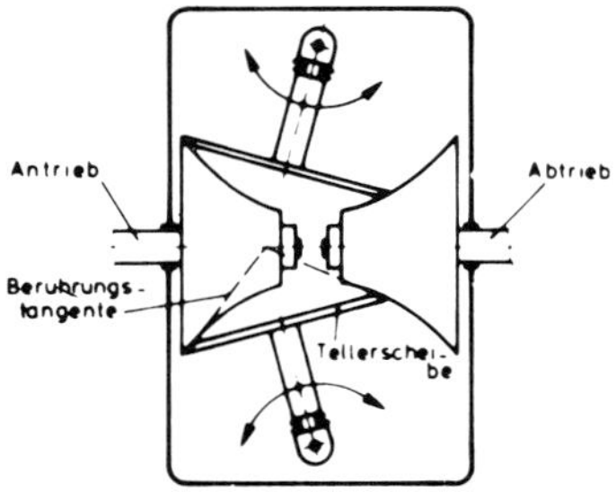

Globoidgetriebe mit schwenkbaren Tellerscheiben

Bild 3.28 Typische Bauarten von Reibradgetrieben

Richtungen erfolgen. Die stufenlose Drehzahländerung erfolgt durch Verschieben oder Neigungsänderung der Achsen. Die Achsen können sich kreuzen oder versetzt zueinander liegen.

Als Werkstoffe für die Reibräder finden Metall, Gummi oder Kunststoff Verwendung. Bei **Hartstoff-Reibrädern** hat sich hauptsächlich Stahl mit gehärteter und geschliffener Oberfläche durchgesetzt. Diese Getriebe laufen oftmals im Ölbad. Der Verschleiß ist gering. Die geringen Reibbeiwerte müssen jedoch durch hohe Lagerdrucke ausgeglichen werden. Weichstoff-Reibräder dagegen haben hohe Reibbeiwerte und geringe Lagerdrucke. Der Verschleiß ist groß. Mit **Weichstoff-Reibrädern** erzielt man einen äußerst geräuscharmen Lauf. Es ist allerdings mit starker Erwärmung zu rechnen. Die Betriebstemperatur von 70 °C sollte aber nicht überschritten werden.

Die übertragbare Leistung ist das Produkt aus Umfangskraft und -geschwindigkeit.

$$N = \frac{F \cdot v}{75} \; [PS] = F \cdot v \cdot 10^{-3} \; [kW] \qquad (Gl.\ 3.7)$$

wobei die Umfangskraft wiederum das Produkt aus Anpreßkraft und Reibungsbeiwert ist.

$$F = \mu \cdot R \qquad (Gl.\ 3.8)$$

v [m/s]
F [kp] bzw. [N]
R [kp] bzw. [N]

Reibpaarungen	Reibwert
Guß-Guß (trocken)	0,1 – 0,2
Stahl-Stahl (im Ölbad)	0,04 – 0,09
Stahl-Guß (trocken)	0,3 – 0,4
Gummi-Stahl oder Guß	~ 0,8

Reibradgetriebe werden in der Praxis vielmehr angewendet als man zunächst annehmen möchte. Die Fahrbewegung eines radgetriebenen Fahrzeugs auf der Straße ist dem Prinzip nach ein Reibradgetriebe, wenn man die Fahrbahn als ein Rad mit unendlich großem Durchmesser ansieht.

Reibradgetriebe in Verbindung mit Elektromotoren sind heute als komplette Krafteinheiten (Regelgetriebemotoren) für alle möglichen Zwecke im freien Handel erhältlich.

Darüberhinaus werden Reibradgetriebe häufig als Wendegetriebe zum Antrieb von Schwungradpressen oder für Bauwinden mit durchlaufendem Motor verwendet.

3.7 Zugmittelgetriebe (Hülltriebe)

Zugmittelgetriebe werden verwendet, wenn größere Wellenabstände zu überbrücken sind, so daß Zahnräder nicht mehr benutzt werden können, oder wenn ein geschmeidiger Antrieb erzielt werden soll. Als Zugmittel kommen Seile, Riemen oder Ketten in Frage. Das Zugmittel hat den Vorteil, Schwingungen und Stöße nicht zu übertragen. Maße, Werkstoffe und Ausführung sind weitgehend standardisiert. Die einschlägigen UVV-, DIN- und Betriebsvorschriften sind zu beachten.

3.7.1 Seiltriebe

Das Seil muß zur Erzeugung einer Reibungskraft mit einer Vorspannung aufgelegt werden. Für die Beziehung der Trumkräfte gilt die Eytelwein'sche Gleichung.

$$S_1 = S_2 \cdot e^{\mu\alpha} \qquad \text{(Gl. 3.9)}$$

μ = Reibungsbeiwert
α = Umschlingungswinkel

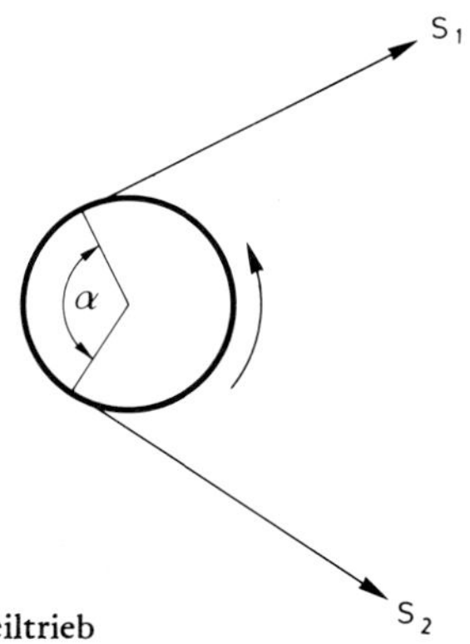

Bild 3.29 Kräfte am Seiltrieb

Die Berechnungsgrundlagen und die Mindestforderungen an Trommel- bzw. Rollendurchmesser bezogen auf die erwartete Belastung sind in DIN 15020 enthalten.

Seiltriebe finden vielfache Anwendung in der Fördertechnik zum Heben von Lasten. Im allgemeinen handelt es sich um offene Seiltriebe, bei denen das eine Seilende die Last aufnimmt, das andere aber an der Seiltrommel befestigt ist. Meist wird die Last an mehreren Seilen aufgehängt. Mehrere nebeneinanderliegende Rollen werden dann zu einer sog. "Flasche" (obere und untere) vereinigt. Auf diese Weise kann man große Lasten mit relativ geringen Kräften heben. Dies geht jedoch auf Kosten des Weges nach dem physikalischen Gesetz:

$$\text{Arbeit} = \text{Kraft} \times \text{Kraftweg} = \text{Last} \times \text{Lastweg} \qquad \text{(Gl. 3.10)}$$

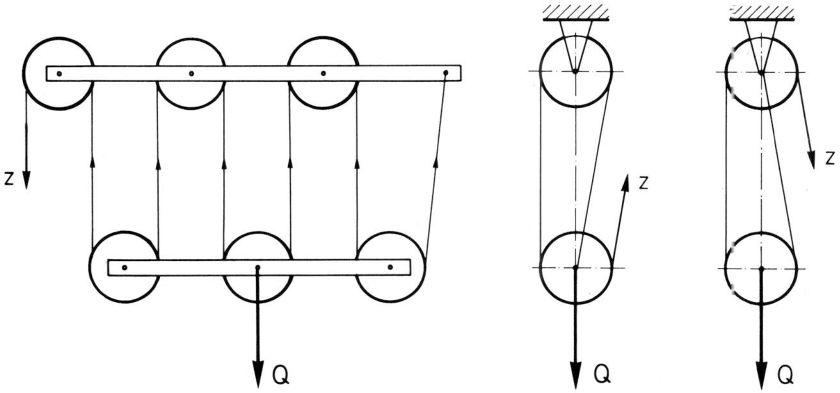

Lauf des Seils
Rollen sind zur Übersicht nebeneinander liegend dargestellt

Seil läuft von loser Rolle ab

Seil läuft von fester Rolle ab

Bild 3.30 Schema eines Flaschenzuges

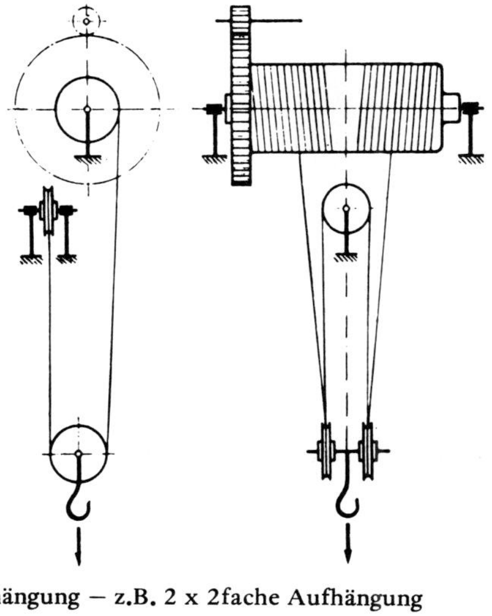

Bild 3.31 Zwillingsaufhängung – z.B. 2 x 2fache Aufhängung

Zwecks leichterer Übersicht über den Lauf des Seiles und zur Erleichterung der Berechnung der Kräfte werden die Rollen schematisch nebeneinander (Bild 3.10) liegend dargestellt. Hängt die Last an Rollen und sind keine Widerstände zu überwinden, so ist die Zugkraft

$$Z = \frac{Q}{n+1} \quad \text{wenn das Seil von loser Rolle abläuft} \qquad \text{(Gl. 3.11)}$$

$$Z = \frac{Q}{n} \quad \text{wenn das Seil von fester Rolle abläuft} \qquad \text{(Gl. 3.12)}$$

Hängt die Last unmittelbar an einem an der Trommel befestigten Seil, so wird sie sich beim Heben oder Senken gleichzeitig auch horizontal bewegen. Dieses Wandern der Last macht sich in vielen Fällen störend bemerkbar. Es kann durch Zwillingsaufhängung vermieden werden, bei welcher die Last mindestens an 4 Seilen hängt (Bild 3.31). Die Umfangsgeschwindigkeit der Trommel ist doppelt so hoch.

3.7.2 Riementriebe

Riementriebe waren früher das Hauptübertragungsmittel in Produktionsstätten. Als Treibmittel kamen dabei flache Lederriemen zur Anwendung. Inzwischen hat der **Keilriemen** aufgrund seiner Vorzüge den **Flachriemen** auf vielen Gebieten zurückgedrängt. Dennoch erlebt der Flachriemen eine Renaissance mit der Verwendung von Kunststoffen wie Polyamid und Polyester, die ungewöhnlich hohe Zerreißfestigkeiten und spannungshaltende Elastizität aufweisen. Im Gegensatz zum klassischen Lederriemen, der sich aufgrund mangelnder Elastizität bleibend dehnt und dadurch laufend gekürzt oder nachgespannt werden muß, weisen moderne Flachriemen aus Kunststoff keine bleibende Dehnung auf. Der notwendige Reibwert wird mit der Kombination von Elastomeren oder Chromleder erzeugt. Es können Riemengeschwindigkeit bis zu 100 m/s erzielt und Leistungen bis zu 3500 kW übertragen werden.

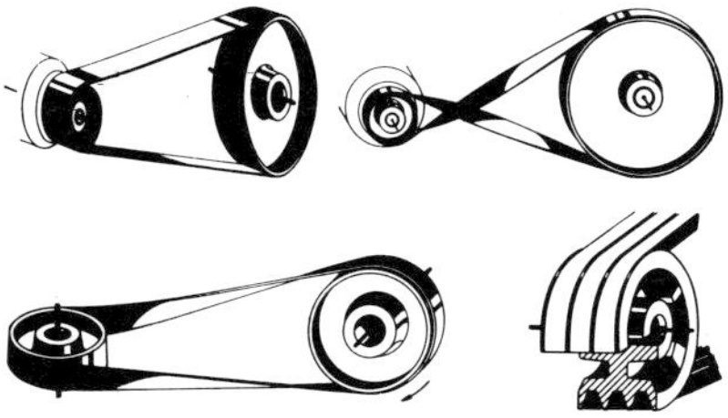

Bild 3.32 Riementriebe – Flachriementrieb (offen, gekreuzt, halbgekreuzt)
– Keilriementrieb
(Niemann, Maschinenelemente, Springer Verlag 1961)

Der Flachriemen behauptet dort seinen Platz, wo mittlere bis große Wellenabstände zu überbrücken sind. Werkzeugmaschinen, Pumpen, Ventilatoren, Kompressoren, Generatoren, Turasantriebe von Eimerkettenbaggern, Brecher, Mühlen sind die typischen Anwendungen in der Praxis. Schließlich bleibt als Sonderart des Flachriementriebes der **Gurtbandförderer** zu erwähnen, der zum Transport loser Schüttgüter verwendet wird.

Grundregel bei allen Riementrieben ist die, daß die Riemenscheiben fluchten und alle Wellen achsparallel liegen (Ausnahme: halbgekreuzter Flachriementrieb). Bei der Kraftübertragung treten Schlupfverluste in Höhe von 1 bis 2% auf.

Keilriementriebe zeichnen sich durch Geschmeidigkeit, Elastizität, Einfachheit, raumsparende Bauweise und geräuschfreien Lauf aus. Der Gedanke der Verwendung keilförmiger Profile entstand aus der an Seiltrieben beobachteten Erscheinung, daß die Seilquerschnitte nach einiger Betriebszeit der Seile die Form der Rillen, in denen sie laufen, annehmen. Es lag nahe, die Vorteile des durch Keilwirkung besseren Kraftschlusses zwischen Seil und Scheibe mit denen des geschmeidigen Flachriemens zu vereinen. Man erreicht fast schlupffreie Kraftübertragung. Die Vorspannkräfte und damit auch die Lagerbelastungen sind um etwa 60% kleiner als beim Flachriemen. Trotzdem sind große Übersetzungen (bis 15) ohne Spannrollen möglich. Die Durchzugskraft ist etwa dreimal größer als beim Flachriemen.

Keilriemen sind billig in der Anschaffung und im Betrieb. Abgesehen von gelegentlichem Nachspannen, können mit ihnen relativ hohe Leistungen übertragen werden. Sie haben lange Lebensdauer und wirken stoß- und schwingungsdämpfend. Sie sind geeignet für wechselnde Drehrichtungen und haben sich für den Einzelantrieb durchgesetzt, besonders bei dem außerordentlichen Anwachsen des mittelbar-elektrischen Antriebes der Arbeitsmaschinen, bei dem es sich meist um sehr kurze Achsabstände bei verhältnismäßig großen Übersetzungen handelt.

Die Einführung endloser Keilriemen setzt entweder einen veränderlichen Achsabstand voraus oder man verwendet geteilte Riemenscheiben oder Spannrollen, um den Riemen ohne Gewaltanwendung auflegen zu können.

Zur Übertragung der Leistung ist bei allen Riemengetrieben die Vorspannung des Riemens notwendig. Eine Spannrolle kann beispielsweise durch Federzug oder durch Belastungsgewichte die Riemenspannung genau einregulieren. Spannrollen, die nur durch Verschraubungen arretiert sind, müssen von Zeit zu Zeit nachgestellt werden. Die Spannrolle soll immer das lose Riementrum spannen und in der Nähe der kleinen Scheiben angebracht werden, damit deren Umschlingungswinkel vergrößert wird. Der Spannrollendurchmesser soll gleich dem Durchmesser der kleinen Scheibe sein, mindestens aber den halben Wert haben. Nachteilig ist die doppelte Biegung des Riemens. Beim Keilriemen genügen schon geringe Vorspannkräfte, um relativ hohe Flankenkräfte zu erzeugen (Bild 3.33). Daher darf das Spannen zur Schonung des Keilriemens nicht übertrieben werden.

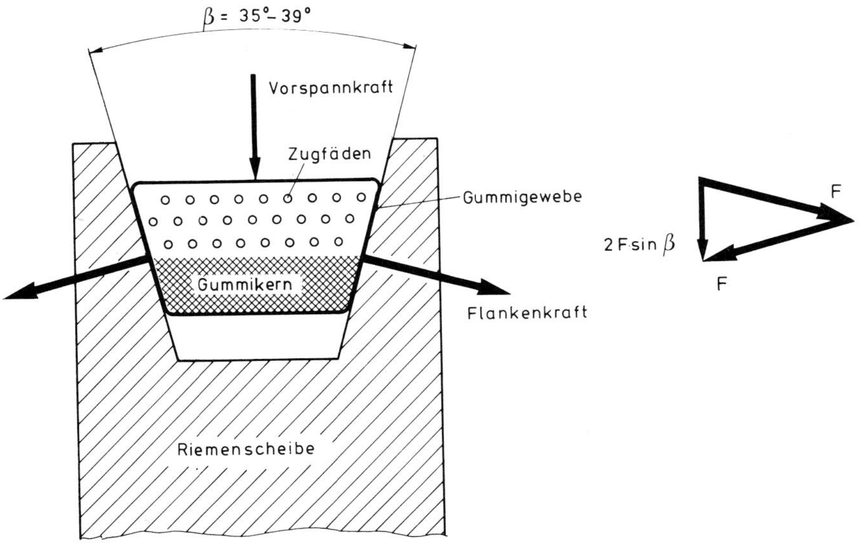

Bild 3.33 Schnitt durch einen Keilriementrieb und Darstellung der auftretenden Kräfte

Eine Besonderheit stellt der sog. **SESPA-Antrieb** dar (Bild 3.34), bei dem sich die Riemenspannung vollkommen selbsttätig einstellt. Der Achsdruck wird mit einem exzentrisch gelagerten Motor (Motorwippe) unter Ausnutzung des Reaktionsmomentes erzeugt. Die Riemenspannung paßt sich auch während des Betriebes den wechselnden Verhältnissen an. So tritt während des Anfahrens, wenn das höchste Drehmoment bzw. die höchste Leistung übertragen werden soll, auch die größte Riemenspannung auf. Der Riemen könnte bis zu seiner Zerreißfestigkeit beansprucht werden, und man hat die Gewißheit, daß sich in jedem Augenblick die der Leistung entsprechende Spannung einstellt. Die Maschinenteile werden geschont und ihre Lebensdauer verlängert. Der Riemen kann sich immer wieder erholen.

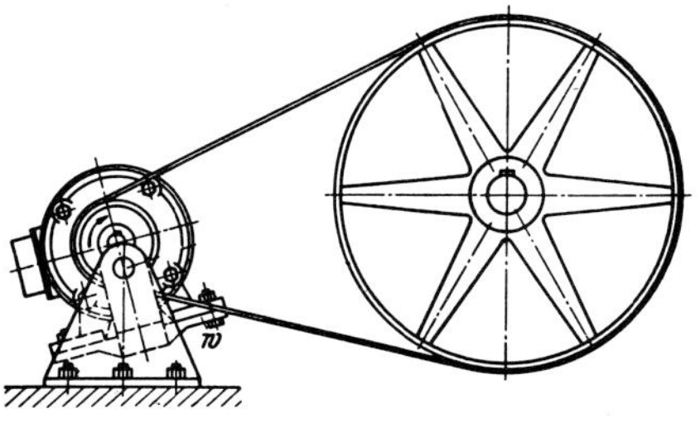

Bild 3.34 SESPA-Antrieb

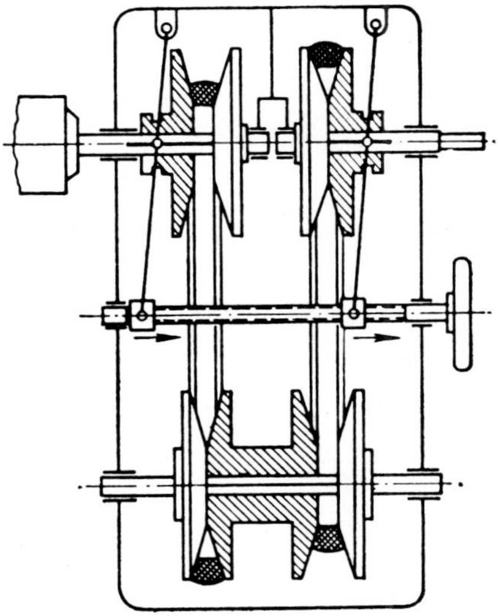

Bild 3.35 Stufenlos regelbares Keilriemengetriebe, Fa. WÜLFEL

Beim Keilriemen werden die Zugkräfte durch einvulkanisierte Textilfäden übertragen. Der unterhalb des Fadenpakets liegende elastische Gummikern gibt dem Riemen zusammen mit der mehrfach gummierten Gewebehülle die genormte Keilform. Neben dieser Ausführung ist noch eine mit einlagigem Kabelkordzugstrang (Conti) entwickelt worden. Hierbei ist ein einziger Kabelkordfaden schraubenförmig auf den Unterbau gewickelt.

Die Forderung nach Leichtbau und die Erkenntnis, daß ein großer Teil des Querschnitts an der eigentlichen Kraftübertragung nicht beteiligt ist, führte zur Entwicklung des **Schmalkeilriemens.** Dieses äußerst hochwertige Kraftübertragungselement wird ausschließlich in Kabelkordausführung hergestellt. Die übertragbare Leistung entspricht der eines viermal so großen Normalkeilriemens.

Für stufenlos regelbare Keilriemengetriebe wurde der sog. **Breitkeil-Riemen** geschaffen. Die Vergrößerung der Keilriemenbreite ist für die Verschiebung des Riemens in radialer Richtung notwendig, wobei die Hälften der geteilten Riemenscheiben in axialer Richtung bewegt werden (Bild 3.35). Neben den Massivriemen gibt es auch **Zahnriemen**, die für besonders kleine Scheibendurchmesser geeignet sind.

Die dem Riemen zumutbare Übertragungsleistung hängt stark von der Riemengeschwindigkeit ab. Die mit der Geschwindigkeit stark anwachsenden Fliehkräfte führen zu einem entsprechenden Abfall der Leistungskurve (Bild 3.36). Die günstigsten Riemengeschwindigkeiten liegen zwischen 20 und

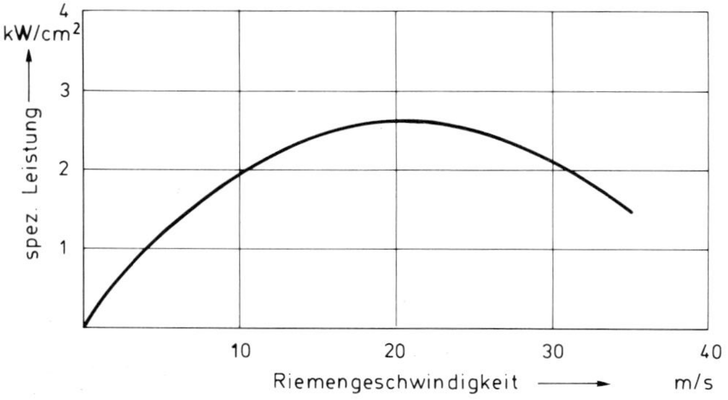

Bild 3.36 Leistungskurve für Normalkeilriemen

25 m/s. Zur Übertragung größerer Leistungen können auch mehrere Keilriemen nebeneinander verwendet werden. Bei Defekt eines Riemens sollte aber der gesamte Satz ausgetauscht werden, damit eine gleichmäßige Lastverteilung gewährleistet bleibt.

Keilriemen sowie Keilriemenscheiben und alles, was damit zusammenhängt, sind in den folgenden Normen standardisiert.

DIN 109	Beziehung zwischen Lastdrehzahlen, Riemenscheibendurchmessern und Umfangsgeschwindigkeiten
DIN 111	Riemenscheiben, Hauptmaße
DIN 2215	Endlose Keilriemen
DIN 2217	Keilriemenscheiben
DIN 2218	Keilriemen, Berechnung der Antriebe und Leistungswerte
DIN 7753	Schmalkeilriemen
DIN 42943	Wellenenden und Riemenscheiben für elektrische Maschinen

Bei Bestellung ist der Riemen zu bezeichnen nach Nennbreite und Riemenlänge. Die Riemenlänge errechnet sich gemäß Bild 3.37 wie folgt:

$$L = \left(\frac{d + D}{2}\right) \pi + 2\,A \sin \frac{\beta}{2} + \frac{\pi\, a}{90}\left(\frac{D - d}{2}\right) \qquad \text{(Gl. 3.13)}$$

oder angenähert

$$L = \left(\frac{d + D}{2}\right) \pi + 2A + \frac{(D - d)^2}{4A} \qquad \text{(Gl. 3.14)}$$

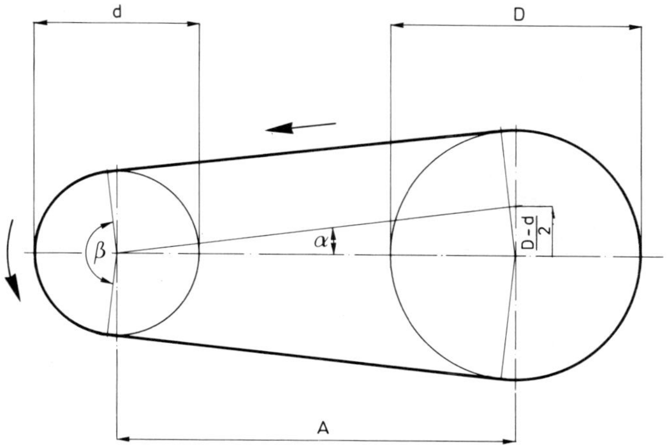

Bild 3.37 Geometrische Verhältnisse am Riementrieb

3.7.3 Kettentriebe

Die Geschichte des Kettenbaus läßt sich schon sehr früh nachweisen. Doch von einer Entwicklung der Treibketten für heutige Ansprüche kann erst seit ungefähr hundert Jahren gesprochen werden, als **Gelenkketten** aufkamen. Erst seit fünfzig Jahren werden Berechnungsmethoden angewendet, die – der Wirklichkeit entsprechend – nicht den Kettenbruch, sondern den Verschleiß als Kriterium zugrundelegen.

Die Kette ist ein Zug- oder Treiborgan aus einzelnen Gliedern, die beweglich ineinandergreifen. Grundsätzlich unterscheidet man **Gliederketten** und **Gelenk-** oder **Laschenketten.** Gliederketten sind älter als die anderen Ketten und dienen vorwiegend als Lastketten in Rollenzügen für Hebezeuge bzw. Antriebe oder auch für Schiffsanker.

Getriebe mit **Stahlgelenkketten** können ebenso den Zahnradgetrieben zugeordnet werden, da die Kraft mittels Zähnen, die in die Kette greifen, übertragen werden. Nur der Kettentrieb vermag die Bewegungen schlupffrei, mit der gleichen Exaktheit zu übertragen, wie es sonst nur mit Zahnrädern möglich ist. Unter normalen Verhältnissen werden Wirkungsgrade bis 98% erreicht. Im Vergleich zum Zahnradgetriebe ist der Bauaufwand beim Kettengetriebe umso geringer, je größer der Achsabstand ist. Ein gutes Beispiel ist bei modernen Kfz-Antrieben die obenliegende Nockenwelle, die zugleich mit Zündverteiler und Einspritzpumpe von einer Kette angetrieben wird. Ventilsteuerzeiten sowie Einspritz- und Zündzeitpunkte werden zuverlässig eingehalten.

KETTEN	
GLIEDERKETTEN	**GELENKKETTEN**
Ankerketten	Rollenketten
Hakenketten	Hülsenketten
Kalibrierte Ketten	Zahnketten
Stegketten	Gallketten
	Buchsenketten
	Raupenketten
	Eimerketten

Tabelle 3.2 Ordnung der gebräuchlichsten Ketten

Ketten zeigen eine gewisse Elastizität, die in erster Linie von den Ölpolstern in den Gelenken herrührt. Dennoch gilt der Grundsatz, daß Stöße nach Möglichkeit nicht durch die Ketten, sondern durch elastische Kupplungen, die sich evtl. auch im Kettenrad unterbringen lassen, aufgefangen werden.

Ketten brauchen nicht vorgespannt zu werden. Trotzdem sind Kettenspanner wegen des Durchhangs, der Längung und bei Schwingungen oftmals notwendig. Darunter gibt es selbstspannende Ausführungen, die federmechanisch oder hydraulisch funktionieren.

Der große Vorteil der Kette als Tragorgan bei Hebezeugen liegt darin, daß die Kette sich über wesentlich kleinere Rollen legen läßt als Seile, so daß das Lastmoment viel kleiner wird. Aus diesem Grund werden bei Handflaschenzügen immer Ketten verwendet.

Die drei wesentlichen Anwendungsbereiche von Stahlgelenkketten sind

- Antriebsketten,
- Förderketten und
- Lastketten.

Das Kennzeichen der Gelenkkette ist das Kettengelenk, das aus Innen- und Außenglied gebildet wird. Die Hauptbauelemente sind Laschen und Bolzen oder Wiegegelenkzapfen. Weitere Bauteile, Buchsen und Rollen, dienen zur Verbesserung der Gelenkverbindung und zur Minderung des Verschleißes und damit zur Schonung der Kette und der Räder. Kennzeichnend für die Gelenkkette sind die drei Hauptabmessungen, Teilung, lichte Weite und Bolzen-, Buchsen- oder Rollendurchmesser. Einige Kettentypen können als Einfach- oder als Mehrfachkette hergestellt werden, wobei die Innenglieder gleich sind und nur die Stränge der Mehrfachketten mit durchgehenden Bolzen verbunden sind.

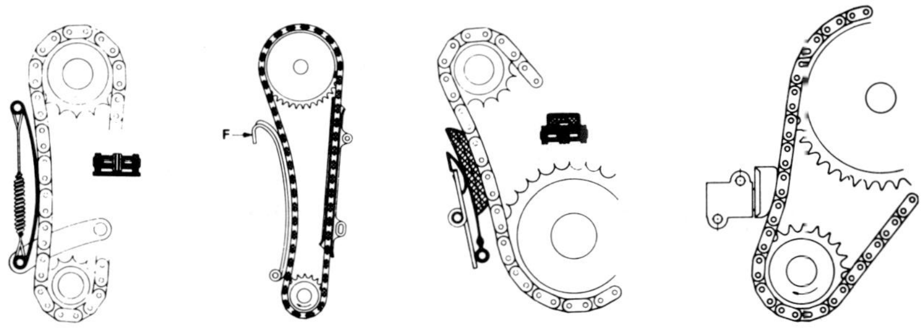

Bild 3.38 Kettentriebe mit Schwingungsdämpfung durch Gleitbahnen aus Gummi oder Stahl (Niemann, Maschinenelemente, Springer Verlag 1961)

Die **Rollenkette** ist die gebräuchlichste Kettenart überhaupt und durch ihre Anwendung beim Fahrrad jedemann geläufig. Sie ist universell einsetzbar, nicht nur als Antriebs- und Getriebekette, sondern in Spezialausführungen mit Mitnehmern auch für Transport- und Förderzwecke oder anstelle von Zahnstangen.

Die Kettenbolzen sind mit den äußeren Laschen vernietet, die Buchsen mit den inneren Laschen zusammengepreßt. Über die Buchsen sind die gehärteten Rollen gestülpt, die vor Verschleiß schützen. Die Schmiermittelschicht zwischen Rolle und Buchse wirkt geräuschdämpfend.

Zur Übertragung großer Leistungen können auch mehrstrangige Ketten eingesetzt werden. Genormt sind Zweifach- (Duplex) und Dreifach- (Triplex) Rollenketten.

Die **Hülsenkette** ist in ihrem Aufbau, bis auf die fehlende Rolle, mit der Rollenkette identisch. Da sie leichter ist, eignet sie sich für höhere Laufgeschwindigkeiten. Wegen des dickeren Bolzens ist sie eine ausgesprochene Hochleistungskette. Sie wird auch als Zweifachkette ausgeführt.

Bei der **Zahnkette** ist jede Lasche als Doppelzahn ausgeführt. Die inneren Laschen sind am Eingriff mit dem Kettenrad nicht beteiligt. In den Laschen sind gehärtete Buchsen eingezogen. Durch die vielen Ölpolster in den Gelenken und durch die besondere Laschenform zeigt die Zahnkette eine erstaunliche Elastizität. Darüberhinaus ist sie an Geschwindigkeit, Laufruhe, Wirkungsgrad (99%) und Lebensdauer nicht zu überbieten. Aufgrund der besonderen Eingriffsverhältnisse hat sie einen extrem sicheren Lauf, auch bei starker Abnutzung. Bei den großen Geschwindigkeiten (20 bis 30 m/s) werden die Fliehkräfte, die ab einer bestimmten Laufgeschwindigkeit die Umfangskräfte überholen, zur maßgebenden Beanspruchung.

Gallketten sind die einfachste Ausführung einer Stahlgelenkkette. Die Laschen drehen sich direkt auf den Bolzenansätzen. Gallketten sind zur Kraft-

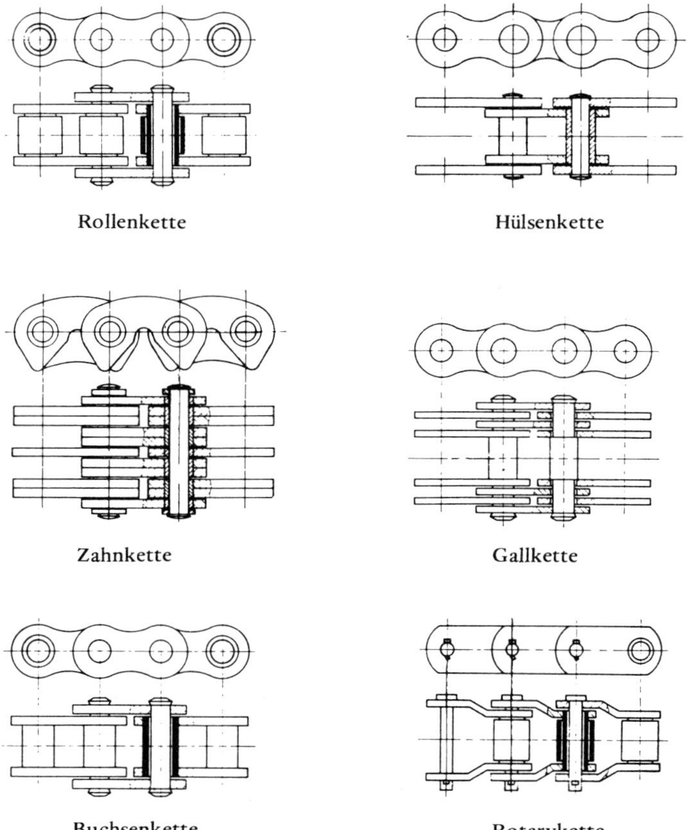

Bild 3.39 Stahlgelenkketten

übertragung weniger gut geeignet und werden fast ausschließlich als Lastketten (z.B. Gegengewichtsketten, Schleußenketten und Wendeketten) gebraucht.

Buchsenketten sind stabiler und auch verschleißfester als Gallketten. Sie gleichen in ihrem Aufbau der Hülsenkette. Die Innenglieder bestehen aus zwei Innenlaschen mit zwei fest eingepreßten Buchsen, die Außenglieder aus zwei Außenlaschen mit zwei eingepreßten und vernieteten Bolzen. Buchsenketten werden wegen ihrer robusten Bauart vorteilhaft als Förder- oder Triebketten dort eingesetzt, wo rauhe und staubige Betriebsverhältnisse vorliegen, z.B. im Bergbau und bei Baumaschinen.

Rotaryketten sind eine Abart von Rollenketten, und zwar werden bei dieser Bauart ausschließlich gekröpfte Laschen verwendet. Die gekröpften

Glieder geben der Kette eine große Elastizität, so daß Belastungsstöße gut aufgefangen werden. Eine Reparatur ist einfach, weil jedes einzelne Glied ausgetauscht werden kann.

Rotaryketten finden hauptsächlich dort Verwendung, wo stoßweiser Betrieb vorliegt und der Antrieb grober Verschmutzung ausgesetzt ist, z.B. bei Abbaumaschinen, zum Antrieb der Raupenketten bei Baggern und Erdbaumaschinen oder bei Bohranlagen.

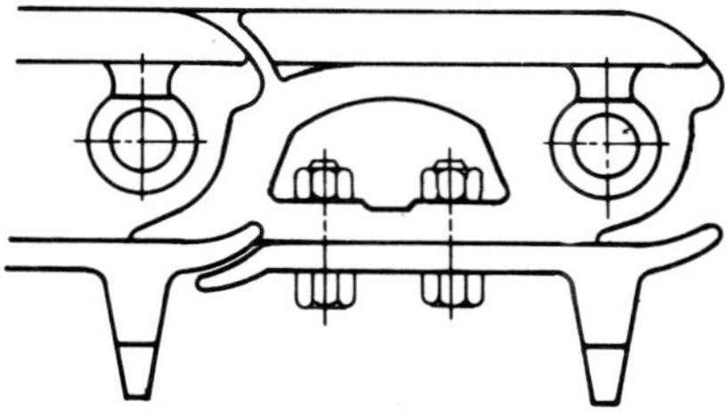

Bild 3.40 Fahrwerkskette einer Planierraupe

Raupenketten der Fahrwerke für Bagger, Krane und andere Fördergeräte sind den Gelenkketten eng verwandt. Auch Becherwerke und Eimerketten sind Abarten der Gelenkketten. Hier gelten jedoch ganz andere Berechnungsmethoden.

Die Kettenräder sind für alle Bauarten von Stahlgelenkketten in ihrem Aufbau grundsätzlich gleich. Unterschiede bestehen lediglich in der Verzahnung. Die Radkörper von Kettenrädern gleichen sehr denen der Zahnräder. Die Belastung ist jedoch günstiger, da die Kette das Kettenrad in einem Winkel von etwa 90° bis 270° umschlingt. Kleine Kettenräder werden normalerweise im Gesenk vorgeschlagen, größere meist gegossen. Daneben gibt es verschraubte und geschweißte Ausführungen.

Die zweckmäßige Ausbildung der Zahnform von Kettenrädern ist für das gute Arbeiten von ebenso großer Bedeutung wie eine genau gearbeitete Kette. Die Verzahnung muß so ausgeführt sein, daß sich die Kette fast reibungslos abwickeln kann und einer auftretenden Kettenlängung Rechnung trägt.

Die Lebensdauer einer Kette hängt zum großen Zeil vom Fluchten oder "Spuren" der Kettenräder ab. Es ist empfehlenswert, nicht nur die Fluchtung, sondern auch die Verzahnung von Zeit zu Zeit zu überprüfen. Niemals darf eine neue Kette auf ausgelaufene Kettenräder gelegt werden, genauso wenig wie eine ungenaue Kette auf genaue Kettenräder. Die Zähnezahlen der Räder sollen nach Möglichkeit nicht ganzzahlig in der Gliederzahl der Kette aufgehen, damit die Kettenglieder nicht immer in die gleichen Radzähne eingreifen.

Ketten sind als Meterware erhältlich. Sie können beliebig gekürzt oder verlängert werden. Als Endglieder werden gewöhnlich zweierlei Ausführungen mit geraden oder gekröpften Laschen verwendet, je nachdem ob eine gerade oder ungerade Gliederzahl vorliegt.

Ketten benötigen keine Vorspannung wie Riementriebe. Sie sollen sogar einen leichten Durchhang haben. Zu stramm gespannte Ketten verschleißen unnötig rasch; zu lose aufliegende Ketten neigen zum "Springen". Der Durchhang sollte bei neuen Ketten nach einigen Wochen überprüft werden. Die Anfangslängung ist durch das "Setzen" der Gelenke größer als im weiteren Betrieb.

Der Lauf der Kette um die Räder verursacht durch die relativen Drehbewegungen der Bolzen in den Buchsen einen Verschleiß der Gelenke. Daher ist eine wirksame Schmierung unbedingt erforderlich (Bild 3.41). Trockenlauf (Kurve 1) führt rasch zu starkem Verschleiß und zerstört die Kette in kürzester Zeit. Einmalige Schmierung (Kurve 2) verzögert nur bis zum Verbrauch des Schmiermittels den Verschleißvorgang. Zeitweiser Trockenlauf (Kurve 3) tritt sehr leicht bei Handschmierung auf, wenn die Nachschmierfrist nicht eingehalten wird. Fehlerhafte Schmierung (Kurve 4) hat ungleichmäßigen Verschleiß zur Folge und kann durch minderwertigen, verschmutzten oder ungeeigneten oder zu wenig Schmierstoff hervorgerufen werden. Vollkommene Schmierung (Kurve 5) setzt den Verschleiß stark herab und gibt die größte Sicherheit für eine lange Lebensdauer der Kette.

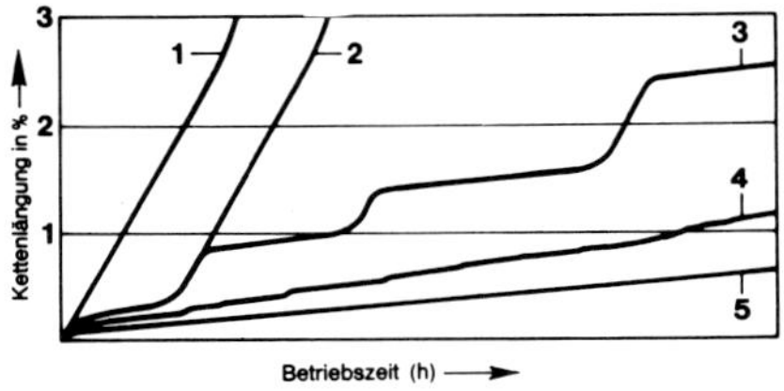

Bild 3.41 Kettenlängung in Abhängigkeit von der Betriebszeit bei verschiedenen Schmierzuständen

Nachfolgend die gebräuchlichsten Normen auf dem Stahlgelenksektor:

DIN 654	Teil 1	Stahlbolzenketten; Maße
	Teil 2	Stahlbolzenketten; Befestigungsglieder
DIN 685		Geprüfte Rundstahlketten; Anforderungen
DIN 685 E	Teil 1	Geprüfte Rundstahlketten; Begriffe
	Teil 2	Geprüfte Rundstahlketten; Anforderungen
	Teil 3	Geprüfte Rundstahlketten; Prüfung

Tabelle 3.3 Schmierungsübersicht

<table>
<tr><th rowspan="2">Schmier bereich</th><th rowspan="2">Ketten-geschwin-digkeit m/s</th><th rowspan="2">Schmierung
a) günstig
b) zulässig</th><th colspan="4">Übertragbare Leistung</th></tr>
<tr><th>einwandfreie Schmierung (günstig/zul.)</th><th>mangelhafte Schmierung ohne Verschmutzung</th><th>mangelhafte Schmierung mit Verschmutzung</th><th>ohne Schmierung</th></tr>
<tr><td>I</td><td>bis ≈ 1,5</td><td>a) Leichte Tropfschmierung (4 bis 14 Tropfen je Minute)
b) Handschmierung/Fettschmierung</td><td rowspan="4">100%</td><td>60%</td><td>30%</td><td>15%</td></tr>
<tr><td>II</td><td>bis ≈ 7</td><td>a) Tauchschmierung im Ölbad
b) Tropfschmierung (etwa 20 Tropfen je Minute)</td><td>30%</td><td>15%</td><td></td></tr>
<tr><td>III</td><td>bis ≈ 12</td><td>a) Druckumlaufschmierung
b) Tauchschmierung im Ölbad (möglichst mit Spritzscheibe)</td><td colspan="3" rowspan="2">nicht zulässig</td></tr>
<tr><td>IV</td><td>über 12</td><td>a) Sprühschmierung
b) Druckumlaufschmierung (evtl. Ölkühlung vorsehen)</td></tr>
</table>

	Teil 4 Geprüfte Rundstahlketten; Stempelung, Kennzeichnung, Prüfzeugnis
	Teil 5 Geprüfte Rundstahlketten; Benutzung
DIN 686	Zerlegbare Gelenkketten; Maße
DIN 695	Rundstahlketten; Hakenketten, Ringketten
DIN 695 E	Anschlagketten; Hakenketten, Ringketten, Einzelteile, Güteklasse 2
DIN 765	Rundstahlketten für Hebezeuge, geprüft, lehrenhaltig, kurzgliedrig
DIN 765 E	Rundstahlketten, Güteklasse 3, lehrenhaltig, geprüft
DIN 766	Rundstahlketten für allgemeine Zwecke und Hebezeuge; Kettenenden geprüft, kurzgliedrig
DIN 766 E	Teil 1 Rundstahlketten, Güteklasse 2, nicht lehrenhaltig, geprüft
	Teil 2 Rundstahlketten, Güteklasse 3, nicht lehrenhaltig, geprüft
DIN 8150	Gallketten
DIN 8164	Buchsenketten
DIN 8175	Laschenketten für Stahlgliederbänder
DIN 8175 E	Förderketten; Buchsenförderketten, schwere Ausführung
DIN 8176	Stahlgelenkketten; Laschenketten für Kettenbahnen
DIN 8176 E	Förderketten; Buchsenförderketten für Kettenbahnen
DIN 8181	Rollenketten, langgliedrig
DIN 8182	Rotaryketten
DIN 8194 E	Stahlgelenkketten, Ketten und Kettenteile; Bauformen, Benennungen
DIN 8195	Rollenketten, Kettenräder; Auswahl von Kettentrieben

3.8 Elektrodynamische Getriebe

Diese Art von Getrieben wird vielfach auch als Induktionskupplung, Drehfeld- oder Wirbelstromkupplung bezeichnet und ist im Prinzip mit einem herkömmlichen Induktionsmotor vergleichbar, bei dem das Drehfeld durch ein umlaufendes Magnetfeld ersetzt ist. Der Läufer eilt unter Last dem Polkörperfeld nach, wie beim Induktionsmotor der Rotor dem Ständerfeld nacheilt. Das Drehmoment wird berührungsfrei und völlig verschleißlos durch die magnetischen Kraftlinien übertragen. Bei der Drehmomentübertragung unter Schlupf wird mechanische Energie in Wärme umgesetzt. Die Antriebe können unter dauerndem Schlupf laufen. Die Höhe der zulässigen Schlupfleistung ist abhängig von der durchströmenden Kühlluftmenge.

Die Vorteile dieser Antriebsart sind das geringe Bauvolumen, der geringe elektronische Aufwand, die gute Anpassung an die getriebene Maschine, die einfache Energiezuführung, die gute Fernbedienung, der geringe Wartungsaufwand sowie die große Betriebssicherheit und Lebensdauer.

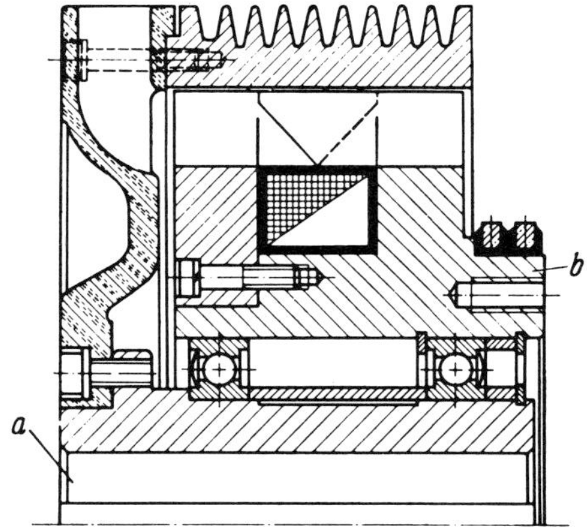

Bild 3.42 Induktionskupplung als Wirbelstromkupplung mit Schleifring
a = Antrieb, b = Abtrieb (Fa. STROMAG GmbH, Unna)

Ein bevorzugtes Einsatzgebiet für Wirbelstromkupplungen sind Kranantriebe. Bild 3.43 zeigt eine kompakte Antriebseinheit für das Hubwerk eines Krans.

Bei Betätigung des Hebels am Steuergerät (7) löst sich die Feststellbremse (4), der Motor (2) treibt über Keilriemen (10) den frei drehenden Induktor (9) der elektrodynamischen Kupplung an, welcher mit Gleichstrom gespeist wird; das hierdurch entstehende Magnetfeld setzt die Glocke (16) in Umdrehung. Da diese mit dem Getriebe (15) fest verbunden ist, wird die Bewegung auf die beiden Trommeln (13 und 14) übertragen.

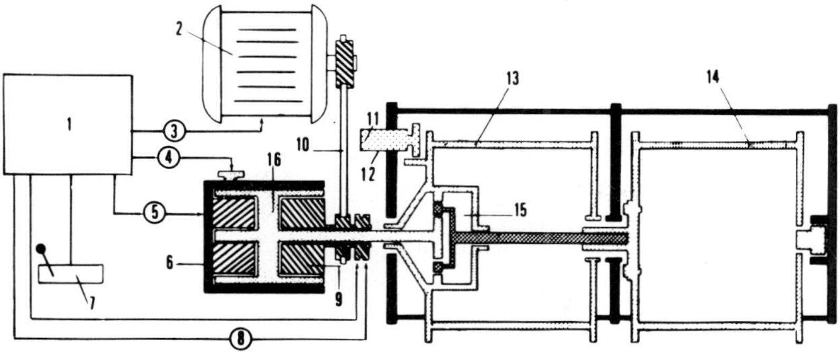

1 Schaltschrank
2 Käfigläufermotor 1500 U/min
3 Motorspeisung
4 Steuerung der Bremse
5 Erregerstrom in der elektrodyn. Bremse
6 Induktor der elektrodyn. Bremse
7 Steuergerät
8 Erregerstrom der elektrodynamischen Kupplung
9 Induktor der elektrodynamischen Kupplung
10 Keilriemen
11 Endschalter
12 Registrierpotentiometer
13 Trommel der vorderen Laufkatze
14 Trommel der hinteren Laufkatze
15 Getriebe
16 Glocke

Bild 3.43 Antriebseinheit mit Induktionskupplung (bzw. -bremse) für das Hubwerk eines Kranes (Fa. POTAIN GmbH, Walldorf)

Beim Zurückstellen des Steuerhebels (7) wird der mit der elektrodynamischen Bremse (6) fest verbundene Induktor mit Gleichstrom gespeist, und das hierdurch entstehende Magnetfeld bremst die Glocke (16) ab.

Die auf Magnetfeldern basierende Aktion der Induktoren (6 und 9) auf die Glocke (16) gewährleistet eine stufenlose Geschwindigkeitsregulierung. Ein elektronischer Kreis, der aus vergossenen einsteckbaren Blockeinheiten besteht, kontrolliert den Schlupf der elektrodynamischen Kupplung (9) und Bremse (6) entsprechend der mittels des Hebels am Steuerschalter (7) eingestellten Geschwindigkeit.

Wird der Hebel (7) in seine Ausgangsposition gebracht, schaltet der Motor (2) ab und die Glocke (16) kommt zum Stillstand. Falsche Bedienungsmanöver werden durch Endschalter vermieden.

3.9 Berechnungsbeispiele

Für einen Hydraulikbagger mit Regelpumpe und den angegebenen Daten ist die maximale Reißkraft sowie die maximale Arbeitsgeschwindigkeit am Löffelzahn zu ermitteln, wenn jeweils die zur Verfügung stehende hydraulische Leistung am Löffelstielzylinder voll ausgenutzt wird.

hydraulische Leistung	N	=	130 kN
max. Pumpenfördermenge	Q	=	660 l/min
max. Arbeitsdruck	p	=	300 bar
Zylinderkolbenfläche	A	=	250 cm^2
Hebelarm	a	=	1,0 m
Hebelarm	b	=	3,4 m

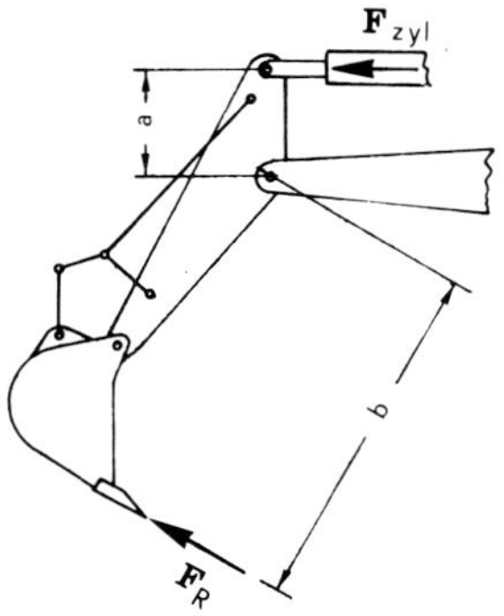

Lösung:

max. Reißkraft:

$$F_R = F_{zyl} \cdot \frac{a}{b} = 750\ kN \cdot \frac{1{,}0\ m}{3{,}4\ m} = 221\ kN$$

$$F_{zyl} = A \cdot p$$

max. Arbeitsgeschwindigkeit:

$$v = \frac{Q \cdot b}{A \cdot a} = \frac{660 \cdot 10^{-3}\ m^3/s \cdot 3{,}4\ m}{60\ s \cdot 250 \cdot 10^{-4}\ m^2 \cdot 1{,}0\ m} = 1{,}5\ m/s$$

Mit einem Flaschenzug soll eine Last Q = 3 kN gehoben werden. Wieviele Einscherungen sind notwendig, wenn als Zugkraft höchstens Z = 750 N zur Verfügung stehen? Reibungsverluste dürfen vernachlässigt werden. Wie groß ist der Kraftweg, wenn die Last 2 m gehoben wird?

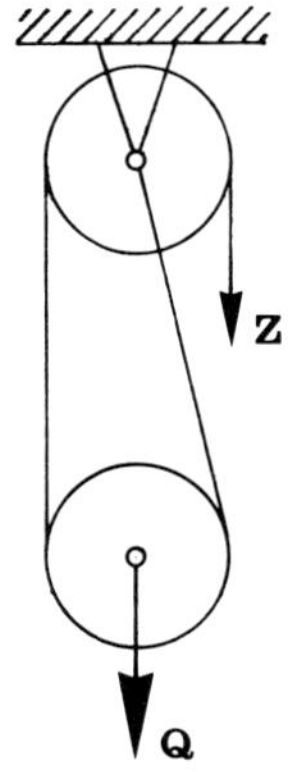

Lösung:

$$n = \frac{Q}{Z} = \frac{3000}{750} = 4\ ;$$ d.h. 4 Rollen bzw. doppelte Einscherung

Kraft · Kraftweg = Last · Lastweg

$$\text{Kraftweg} = \frac{3000 \cdot 2\ m}{750} = 8\ m$$

Für den Antrieb eines Sauglüfters ist ein selbstspannender Keilriementrieb (SESPA) vorgesehen. Die Motorleistung beträgt 18,5 kW bei 1450 U/min. Die Drehzahl des Lüfterrades sei mit 720 U/min vorgegeben. Der Nenndurchmesser der Lüfter-Riemenscheibe beträgt 500 mm.

Wie groß muß die Riemenscheibe des Motors ausgelegt werden?
Wie groß ist das maximale Motordrehmoment?
Wie groß sind die Riemenkräfte bei Vollast?
Reibungsbeiwert $\mu = 0{,}4$
Welche Lagerkraft wirkt im Punkte A?

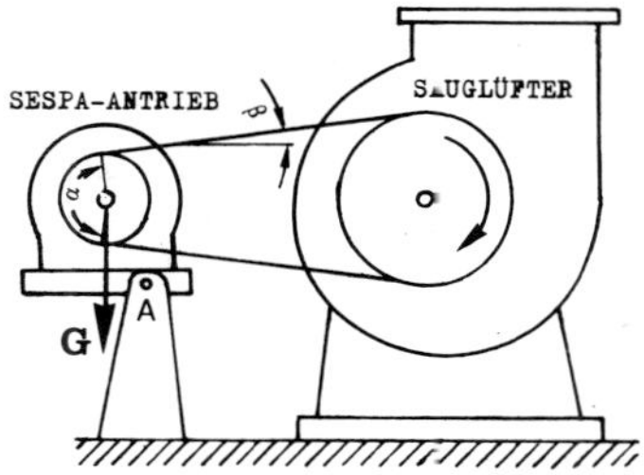

Lösung:

$$d_1 = \frac{n_2}{n_1}\, d_2 = \frac{720}{1450}\, 500\ \text{mm} = 248\ \text{mm}$$

Leistung N = Drehmoment M · Drehzahl n

$$N\,[\text{kW}] = \frac{M\,[\text{Nm}] \cdot n\,[\text{min}^{-1}]}{9550}$$

$$M = 9550\, \frac{18{,}5}{1450} = 121{,}8\ \text{Nm}$$

$M + (S_2 - S_1)\, r = 0$ $\qquad$ $S_2 - S_1 = 982{,}3\ \text{N}$

$S_1 - S_2 \cdot e^{\mu\alpha}$ $\qquad$ $S_2 - S_1 = S_2\,(e^{\mu\alpha} - 1)$

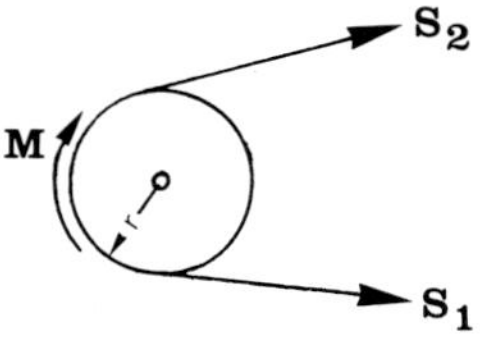

$S_2 = 453\ \text{N}$

$S_1 = 1436\ \text{N}$

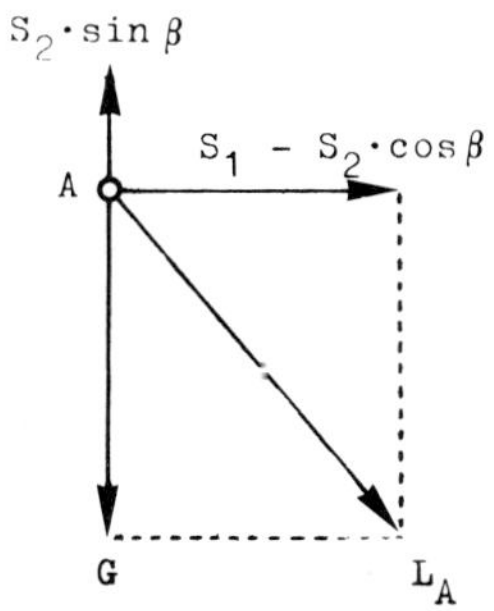

Σ Vertikalkräfte = $G - S_2 \sin\beta = 445\ \text{N}$

Σ Horizontalkräfte = $S_1 - S_2 \cos\beta = 986\ \text{N}$

Lagerkraft $L_A = \sqrt{445^2 + 986^2} = 1082\ \text{N}$

3.10 Literatur

[1] BAUER, R. – SCHNEIDER, G. — Hülltriebe und Reibradgetriebe – Leipzig: VEB Fachverlag 1967

[2] BOROWKA, G. — Selbstfahrende Arbeitsmaschinen als Anwendungsfeld für Hydro-Getriebe. In: VDI-Berichte Nr. 107, 1966, S. 23

[3] BRANDT, R. — Hydrostatischer Fahrantrieb bei mobilen Arbeitsmaschinen. In: Fördern und Heben 3/1968, S. 135

[4] FRENKER – HACKFORT, L. — Kettenantriebe bieten vielfältige Möglichkeiten. In: Deutsche Hebe- und Fördertechnik (dhf) 11/1979, S. [499] 25

[5] HANTKE, O. — Hydrostatische Flüssigkeitsgetriebe in Straßenbaumaschinen. In: Oelhydraulik und Pneumatik 9/1962, S. 331

[6] HEBENSTREIT, H. — Geräuschsenkung bei Zahnradgetrieben. In: antriebstechnik (ant) 6/1979, S. 293

[7] HELLERMANN, E. — Entwicklungsstand und Tendenzen beim ölhydraulischen Antrieb von Baumaschinen. In: Baumaschine und Bautechnik 11/1967, S. 413

[8] JARCHOW, F. — Leistungsverzweigte Getriebe. In: VDI-Zeitschrift 2/1964, S. 196

[9] KAHRS, M. — Die Grundlagen der hydrostatischen Leistungsübertragung. In: Landtechnische Forschung 6/1964, S. 168

[10] KELLER, R. — Übereinstimmung und Unterschied zwischen hydrostatischen und hydrodynamischen Flüssigkeitsgetrieben aufgrund ihrer Ähnlichkeitsgesetze. In: Oelhydraulik und Pneumatik 8/1967, S. 320

[11] KNÖLKER, H. D. — Hydrostatische Antriebe im Mobileinsatz. In: Oelhydraulik und Pneumatik 3/1968, S. 93

[12] KOTTE, G. — Laufwerkshandbuch für Traktoren und Bagger. Wattenscheid: Selbstverlag Rheinstahl-Schmiedetechnik GmbH 1968

[13] KOTTE, G. Laufwerkinstandsetzung. In: baumaschinendienst (bd), 11/1971, S. 665, 1. Teil, 12/1971, S. 715, 2. Teil und 1/1972, S. 32, 3. Teil

[14] KOTTE, G. Laufwerksteile teurer oder billiger. In: baumaschinendienst (bd), 4/1972, S. 220 1. Teil, 10/1972, S. 568 2. Teil

[15] KUGEL, F. Hydrodynamische Kraftübertragung. – Schriftenreihe Oelhydraulik und Pneumatik Wiesbaden: Krausskopf-Verlag 1962

[16] LUSAR, R. Der hydraulische Drehmomentwandler und die hydraulische Kupplung. – München: Carl Hauser Verlag 1961

[17] MOLLY, H. Hydrostatische Fahrzeugantriebe – Ihre Schaltung und konstruktive Gestaltung. In: Automobiltechnische Zeitschrift 10/1968, S. 339

[18] MOLLY, H. Die Ordnung der Hydrostatischen Maschinen. In: Oelhydraulik und Pneumatik 4/1969, S.150

[19] MOLLY, H. Die Leistungsverzweigung in hydrostatischen Fahrzeuggetrieben, deren Anwendung und Regelung. In: Oelhydraulik und Pneumatik 5/1969, S. 215

[20] MUNDKOWSKI, R. Spezielle Probleme bei der Auslegung hydrostatischer Fahrantriebe. In: Linde-Berichte aus Technik und Wissenschaft 20/1965, S. 40

[21] PELTNER, J. Zur Entwicklung automatischer Fahrzeuggetriebe mit Föttinger-Wandlern. In: Sonderheft "Antriebstechnik" der VOITH KG Heft 24/1978

[22] SEUL, H. Vorteile der Drehmomentwandler und Lastschaltgetriebe in Gradern der Mittelklasse. In: Mot Bau 4/1969

[23] STUHR, W. Ein vielfach anwendbares hydrostatisches Getriebe. In: Deutsche Hebe- und Fördertechnik 4/1965

[24] STUHR, W. Hydrostatische Antriebe für Nutzfahrzeuge. In: Linde-Berichte aus Technik und Wissenschaft 22/1966, S. 21

[25] STUHR, W. Regelungen hydrostatischer Antriebe. In: Oelhydraulik und Pneumatik 6/1969, S. 267

[26] THEINER — Raupen- und Reifen-Planiergeräte – Motorgrader und Schürfwagen. In: Straßenbau-Technik 8/1963, S. 513

[27] VETTER, K. — Fördermenge, Drehmoment und Leistung von GÜLDNER-HYDROSTABIL-EINHEITEN. In: Linde-Berichte aus Technik und Wissenschaft 9/1960, S. 40

[28] VOITH, K. G. — Hydrodynamische Getriebe, Kupplungen, Bremsen. – Mainz: Krausskopf-Verlag GmbH, 1970

[29] – – — Schalten oder schalten lassen. In: Auto-Motor-Sport 10/1977, S. 120

[30] – – — Marktbild: Stufenlos mechanische Getriebe. In: antriebstechnik (ant) 6/1979, S. 300

4 Kupplungen

Im Kraftfluß der modernen Maschine ist die Kupplung heute zu einem vielbeachteten Maschinenelement geworden. Während man sich früher in der Hauptsache darauf beschränkte, der Kupplung die Aufgabe der Verbindungsmöglichkeit zu stellen, ist der Aufgabenbereich der Kupplung inzwischen wesentlich erweitert worden. Hat es sich doch gezeigt, daß eine beachtliche Vielfalt von Störungen an den Anlagen durch eine "vollentwickelte" Kupplung vermieden werden kann.

Kupplungen sind lösbare, drehfeste Verbindungen zwischen Wellenenden bzw. Baugruppen, insbesondere zwischen Kraft- und Arbeitsmaschinen. Sie dienen der Übertragung von Drehmomenten. Man unterscheidet feste oder bewegliche, starre oder elastische und – falls erforderlich – ein- und ausrückbare Kupplungen. Zusätzliche Anforderungen können gestellt werden, wenn beispielsweise der Kraftfluß bei etwaiger Überlastung unterbrochen werden soll oder wenn radiale, axiale und winkelige Wellenverlagerungen ausgeglichen werden müssen. Besonderen Zwecken dienen richtungs- und drehzahlbetätigte Schaltkupplungen. Einen besonders sanften Anlauf mit stoßfreier und schwingungsdämpfender Kraftübertragung erlaubt die hydrodynamische Kupplung. Die Vielfalt der Anforderungen führt zu einer großen Zahl von Kupplungsarten, auf deren Herstellung sich viele Betriebe spezialisiert haben. Die meisten Probleme lassen sich mit fertig beziehbaren Kupplungen lösen. Für die Auswahl ist der Zweck, die Größe des zu übertragenden Drehmoments und insbesondere die Betriebsweise der gesamten Anlage maßgebend.

4.1 Nichtschaltbare Kupplungen

4.1.1 Starre Kupplungen

Starre Kupplungen werden für Wellen und Bauteile verwendet, die drehstarr und ohne jede Wellenverlagerung verbunden werden sollen. Dies setzt das genaue Fluchten der Drehachsen voraus. Das Drehmoment wird völlig ungedämpft übertragen. Dabei dürfen die verbundenen Teile nicht in ihren Lagern verspannt werden.

4.1.1.1 Schalenkupplungen

Schalenkupplungen sind nach DIN 115 standardisiert. Es sind die einfachsten und billigsten Kupplungen überhaupt. Sie bestehen aus zwei Halbschalen, die mit Schrauben fest auf die Wellenenden geklemmt werden oder in manchen Fällen mit aufgetriebenen Kegelringen, so daß das Drehmoment kraftschlüssig übertragen wird. Zur Vermeidung von Unfällen werden die Schalen häufig durch eine übergeschobene Hülse abgedeckt. Für einen zuverlässigen Sitz auf beiden Wellenenden ist eine genaue Übereinstimmung der Wellendurchmesser Voraussetzung.

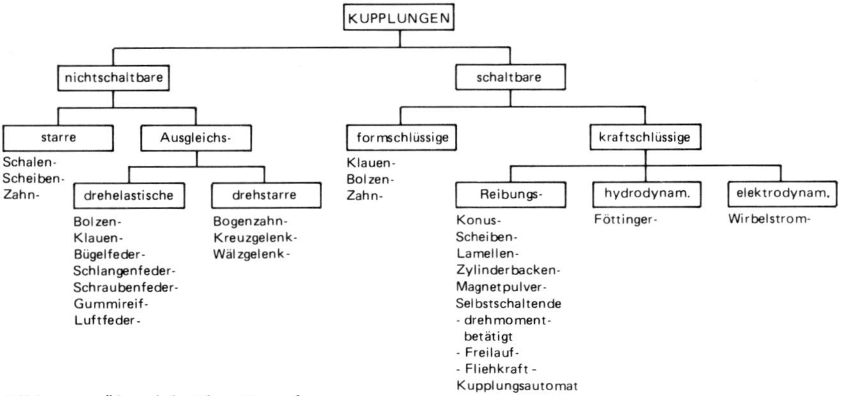

Bild 4.1 Übersicht über Kupplungen

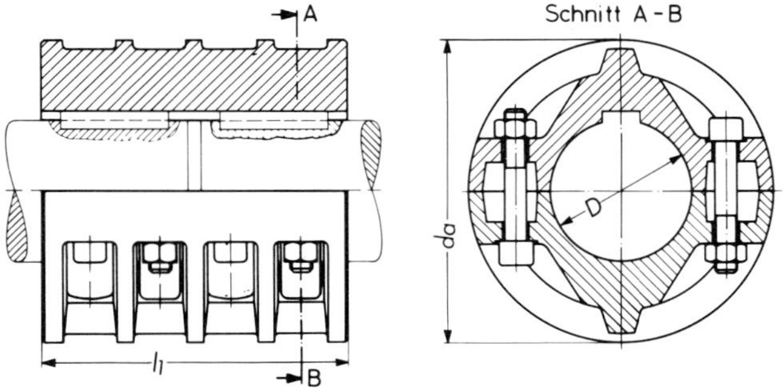

Bild 4.2 Schalenkupplung (Fa. Flender GmbH & Co. KG, Bocholt)

Die Schalenkupplung ist für leichte bis mittlere Beanspruchung gebräuchlich, besonders für Transmissionswellen. Größere Kupplungen (mit Wellendurchmesser größer als 50 mm) erhalten zur Sicherung eine Paßfeder.

Ein wesentlicher Vorteil ist die bequeme Montage, bei der die Wellenenden nicht verschoben werden müssen und die Lager- und Radnaben ungeteilt sein können.

4.1.1.2 Scheibenkupplungen

Scheibenkupplungen sind nach DIN 116 genormt. Für jede Baugröße ist das maximal übertragbare Drehmoment sowie die größtmögliche Drehzahl angegeben. Die Scheiben sind entweder an die Welle angeschmiedet, angeschweißt oder aufgeschrumpft; oder ihre Naben sind mit Paßfeder oder Keil, seltener mit Vielnut, Preß- oder Kegelsitz abziehbar auf den Wellen befestigt. Die Scheiben werden mit Schrauben derart fest zusammengepreßt, daß die Momentübertragung ausschließlich durch Reibschluß erfolgt. Zur Zentierung dienen Paßschrauben bzw. ein Zentieransatz oder -ring. Die Montage ist aufwendiger als bei der Schalenkupplung. Sind die Kupplungshälften mit der Welle fest verbunden, kann der seitliche Ausbau nur vorgenommen werden, wenn die Lager zweigeteilt sind. Bei ungeteilten Lagern muß die Kupplungsscheibe mindestens an einem Wellenende abziehbar sein.

Scheibenkupplungen sind geeignet zur Übertragung kleinster und größter Leistungen und in manchen Fällen die einzig mögliche Kupplung. Im Gegensatz zu Schalenkupplungen lassen sich Wellen mit verschiedenen Durchmessern verbinden. Auch ist die Übertragung von Längskräften möglich. Typisch ist die Verbindung von Wellenstücken zu langen, durchgehenden Wellensträngen, z.B. Transmissionswellen, Fahrwerks- und Drehwerkswellen von Kranen.

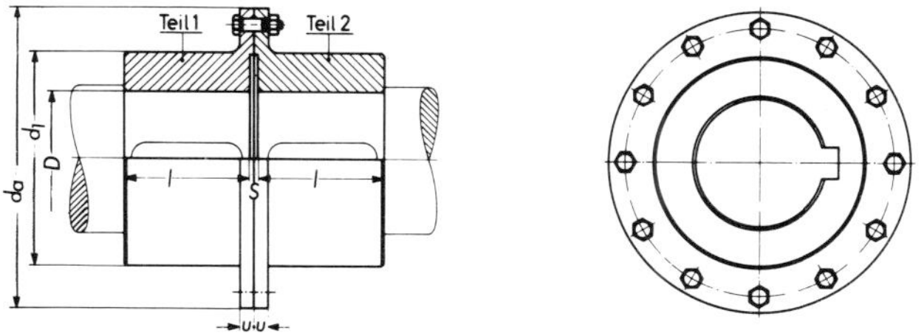

Bild 4.3 Scheibenkupplung (Fa. Flender GmbH & Co. KG, Bocholt)

4.1.1.3 Zahnkupplungen

Eine besonders raum- und gewichtssparende Konstruktion ist die Plan-Kerbverzahnung (Hirth-Verzahnung). Es ist die Verbindung zweier Hohlwellen, die an den Stirnseiten radial verlaufende Nuten tragen und axial ineinander verspannt werden. Die Zahnkupplung ist geeignet, Wellenenden mit Zahnrädern, Scheiben oder Kurbelwangen oder Zahnräder mit Zahnrädern zu verbinden.

4.1.2 Ausgleichskupplungen

Ausgleichskupplungen erlauben eine gewisse Beweglichkeit der Wellen gegeneinander, wenn deren Gleichachsigkeit nicht immer gesichert ist. Maßgebend für Ausbildung und Auswahl sind Art und Grad der zu erwartenden Wellenverlagerung. Möglich sind Längs-, Quer-, Achswinkel- und Drehwinkelverlagerungen. Derartige Kupplungen können als Gelenke aufgefaßt werden, deren Zwischenglieder das Drehmoment unter Relativbewegungen übertragen müssen. Man unterscheidet verformbare Zwischenglieder wie Gummi, Kunststoff, Gewebe, Stahlfedern und formfeste Zwischenglieder mit Gleit-, Dreh- oder Wälzbewegungen.

4.1.2.1 Drehelastische Kupplungen

Mit der Steigerung der spezifischen Beanspruchung der Werkstoffe und der Erkenntnis des Einflusses der Stöße und Schwingungen auf die Alterung, wurde der Kupplung eine weitere Aufgabe übertragen, nämlich die Auswirkung der Ungleichförmigkeit des Drehmomentes des einen Teils auf den anderen Teil der verbundenen Maschinen auf ein erträgliches Maß zu reduzieren.

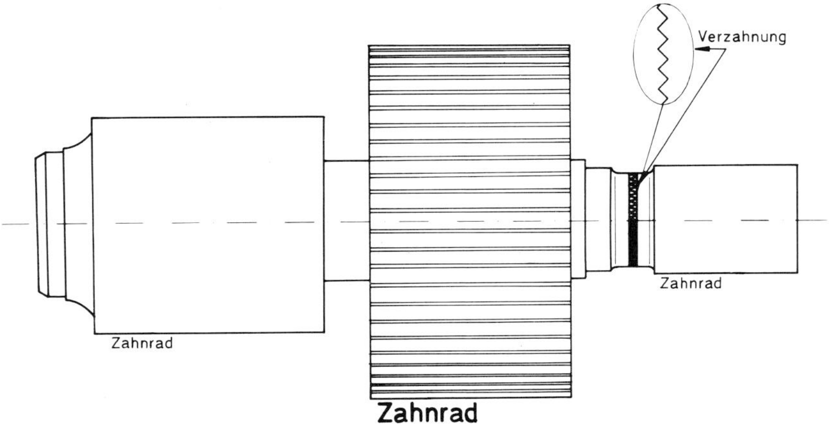

Bild 4.4 Drehfeste Verbindung von Zahnrädern durch HIRTH-Verzahnung

Fast alle auf dem Markt erhältlichen drehelastischen Kupplungen sind auch raumbeweglich und können kleine Wellenverlagerungen, die oftmals unvermeidlich sind, ausgleichen. Die Elastizität ist je nach Konstruktion, durch verformungsfähige Elemente aus Metall, Kunststoff oder Gummi, gegeben.

Die Kennlinie einer elastischen Kupplung charakterisiert die Abhängigkeit der Verdrehung der beiden Kupplungshälften gegeneinander vom übertragenen Drehmoment. Die Kennlinie kann linear, progressiv oder degressiv sein.

Die Kupplungen können mit oder ohne Dämpfung ausgeführt sein. Gummi und Kunststoff haben je nach Rezeptur eine mittlere bis hohe, Metalle nur eine geringe Materialdämpfung.

Drehelastische Kupplungen mit metallischen Zwischengliedern haben als federnde Elemente Bügel-, Schlangen- oder Schraubenfedern.

Der einfachste und gebräuchlichste Fall einer Kupplung mit nicht metallischen Zwischengliedern ist die elastische **Bolzenkupplung** mit ihren Übertragungsbolzen, die auf der einen Seite festsitzen, auf der anderen Seite aber in Gummi gebettet sind. Die Bolzenkupplung ist besonders geeignet für größere Wellendurchmesser und hohe Drehzahlen. Eine Besonderheit ist die

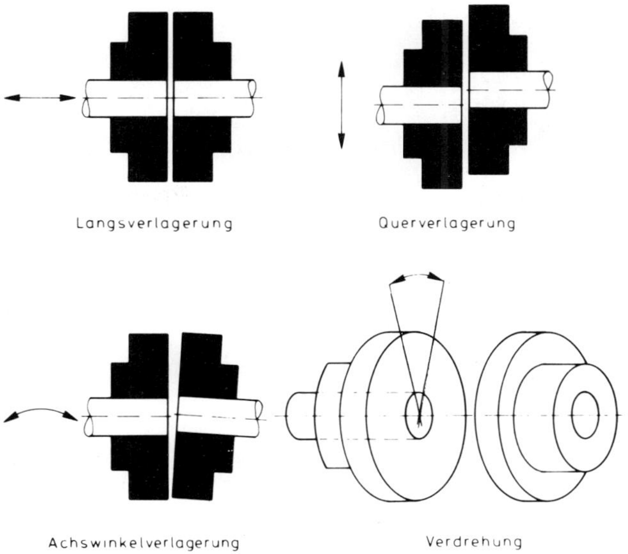

Bild 4.5 Wellenverlagerungen

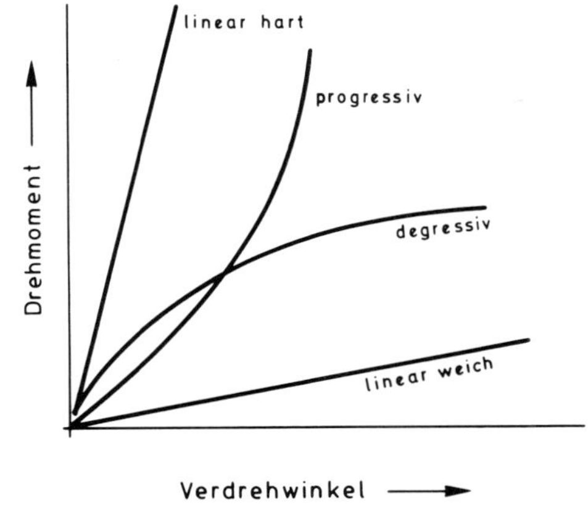

Bild 4.6 Kennlinien drehelastischer Kupplungen

RUPEX-Kupplung mit ihren balligen Gummikörpern, deren Druckfläche mit zunehmendem Drehmoment rasch größer wird. Die Kennlinie ist daher stark progressiv.

Ähnlich in ihrer Wirkung sind andere formschlüssige Verbindungen, bei denen die beiden Kupplungshälften klauenartig ineinandergreifen. Die Zwischenräume sind mit speziell geformten elastischen Druckkörpern aus

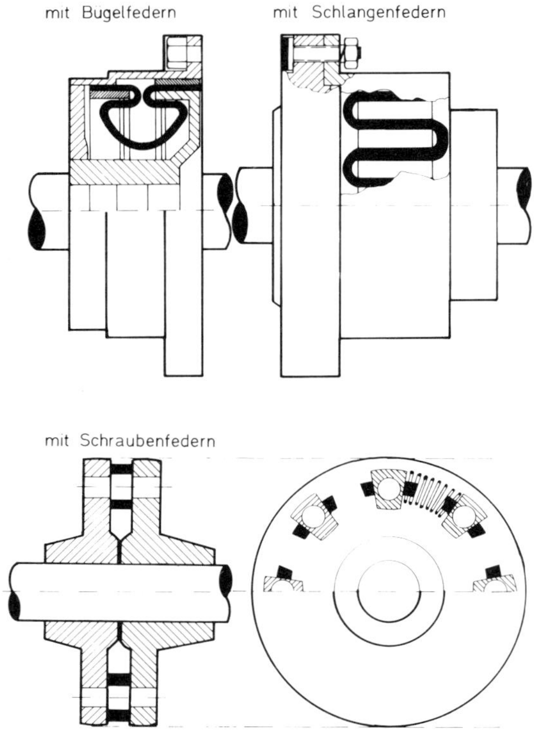

Bild 4.7 Drehelastische Kupplungen mit metallischen Zwischengliedern (Laufer)

Bild 4.8 Bolzenkupplung (RUPEX Fa. Flender GmbH & Co. KG, Bocholt)

Gummi oder Kunststoff ausgefüllt. Typisch ist auch hier der progressive Verlauf der Drehfederkennlinie, die der Kupplung nicht nur ihre stoßdämpfende Wirkung verleiht, sondern auch das gefährliche Aufschaukeln von Drehschwingungen vermeidet. Dadurch kann auch der kritische Drehzahlbereich verlagert werden. Die elastischen Körper gleichen radialen, axialen und winkligen Versatz sowie temperaturbedingte Längenänderungen der Wellen aus. Trotz der Raumbeweglichkeit sollen die gekuppelten Wellen stets gut fluchten. Genaues Ausrichten erhöht die Lebensdauer der elastischen Elemente. Eine für jeden Bedarfsfall passende Angleichung der Drehmomente ist durch die Wahl der Anzahl und der Qualität der elastischen Pakete auch nachträglich in vielen Fällen möglich.

Die Robustheit dieser Kupplung, ihre Betriebssicherheit, auch bei unvorhergesehenen Überlastungen, machen sie besonders geeignet für den ungleichmäßigen Betrieb, verbunden mit Stößen und mit kleinen bis großen zu beschleunigenden Massen. Daher findet man die bevorzugte Anwendung bei Baggern, Brechern, Mühlen, Betonmischern, Straßenwalzen, Hebezeugen, Förderbändern, Trockentrommeln, Schwingsieben, Bohranlagen usw.

Bei hochelastischen Kupplungen wird die Verbindung der beiden Kupplungshälften mit einem Gummireifen mit Gewebeeinlagen hergestellt. Höchste Stoß- und Schwingungsdämpfung sowie enorme Raumbeweglichkeit sind hier die herausragenden Eigenschaften. Zur einfachen Montage ist der Reifen meist zweigeteilt. Zur Ausschlagsbegrenzung und aus Sicherheitsgründen sind diese Kupplungen zusätzlich oftmals mit Klauen versehen, die nur im Schadens- oder Resonanzfalle greifen.

Bild 4.9 Formschlüssige Klauenkupplung mit elastischen Druckkörpern (EUPEX Fa. Flender GmbH & Co. KG, Bocholt)

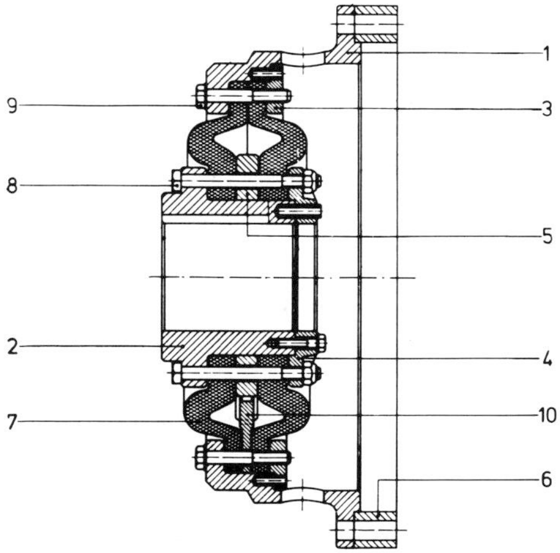

1 Flanschmantel
2 Nabe
3 Außendeckring
4 Deckel
5 Zwischenring
6 Ausbauring
7 EZ-S Element
8 Innere Befestigungsschraube
9 Äußere Befestigungsschraube
10 Durchdrehsicherung

Bild 4.10 Hochelastische Gummigewebekupplung (VULKAN-EZ-S, Fa. Hackforth, Wanne Eickel)

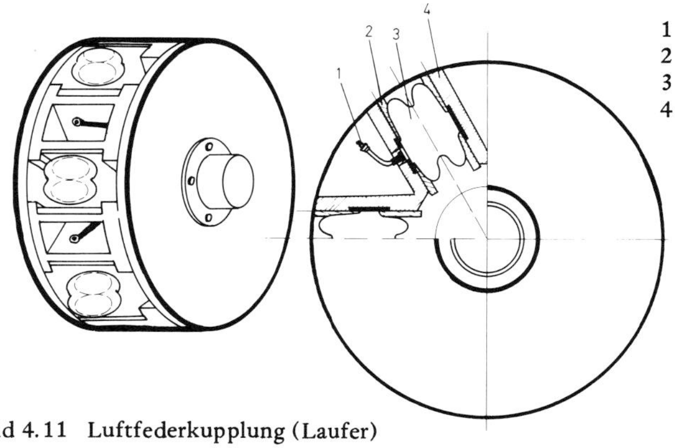

1 Pressluftventil
2 Spannring
3 Luftfeder
4 Luftfederkasten

Bild 4.11 Luftfederkupplung (Laufer)

Eine ebenfalls hochelastische Kupplung mit progressiver Federung ist die **Luftfederkupplung,** die in Drehrichtung angeordnete, aufblasbare Faltenbälge besitzt. Der Druck in den Bolzen kann variiert werden. Die Dämpfung ist gering.

4.1.2.2 Drehstarre Kupplungen

Drehstarre Kupplungen gestatten nur axiale, radiale und achswinklige Verschiebungen. Eine einfache nur längsnachgiebige Verbindung ist die Klauenkupplung. Sie dient zum Ausgleich von Längenänderungen infolge von

Temperaturschwankungen oder Einbauungenauigkeiten und ist besonders bei langen Wellensträngen vorzusehen. Die Verbindung kann statt der Klauen auch mit Bolzen, Zähnen oder mit Nut und Feder hergestellt werden. Da diese Kupplungen nur für kleinere Drehmomente und Drehzahlen geeignet sind, sowie ein sehr genaues Ausrichten der Wellenenden erfordern, sind sie durch die drehelastischen, kaum beweglichen Kupplungen vielfach verdrängt worden.

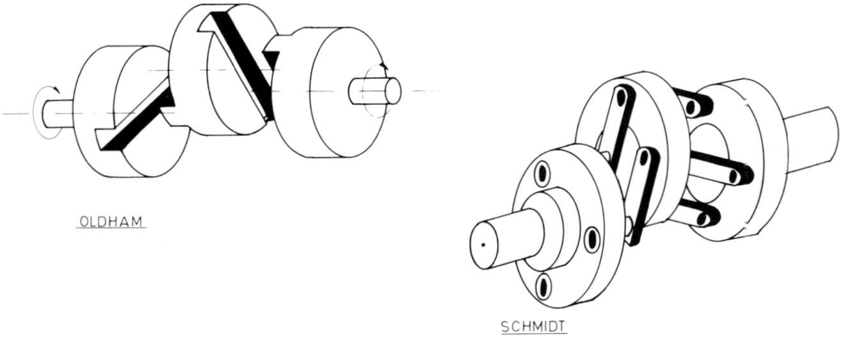

Bild 4.12 Kupplungen für ausgesprochenen Querversatz – oben OLDHAM-Kupplung, unten SCHMIDT-Kupplung

Kupplungen, die ausschließlich Querversetzungen ausgleichen können wie z.B. die **OLDHAM-Kupplung**, werden ebenfalls nur für untergeordnete Zwecke verwendet. Bei kleinerem Achsversatz wird in der Regel eine raumelastische Kupplung eingesetzt. Für große Versetzungen eignet sich die **SCHMIDT-Kupplung** mit doppeltem Parallelkurbeltrieb mit frei beweglicher Zwischenscheibe. Das Drehmoment wird vollkommen homokinetisch übertragen. Schmierung ist erforderlich.

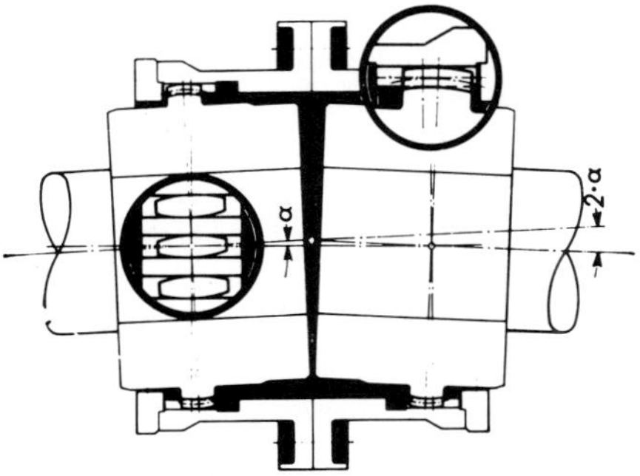

Bild 4.13 Eingriffsverhältnisse an den gewölbten Zähnen bei Winkelabweichungen der Wellen – Bogenzahnkupplung (Fa. Flender GmbH & Co. KG, Bocholt)

Die wohl bekannteste drehstarre Gelenkkupplung ist die **Bogenzahn-Kupplung.** Sie ist eine formschlüssige, allseitig bewegliche doppelkardanische Kupplung, die axiale, parallele und winkelige Wellenverlagerungen ausgleicht. Die Nabenkörper tragen eine gewölbte Außenverzahnung, die in die Innenverzahnung der beiden Hülsenhälften eingreift. Die Zahnwölbung und das in der Verzahnung vorhandene geringe Spiel macht die gesamte Kupplung doppelgelenkig und daher flexibel. Durch die geringe Hin- und Herbewegung bei jeder Umdrehung muß die Kupplung geschmiert werden. Die Anwendung erfolgt überall dort, wo eine formschlüssige, jedoch allseits frei bewegliche Wellenverbindung in vereinfachter Konstruktion ausreicht, beispielsweise zum Antrieb von Seiltrommeln, Förderbändern, Pumpen, Kompressoren, Mühlen usw.

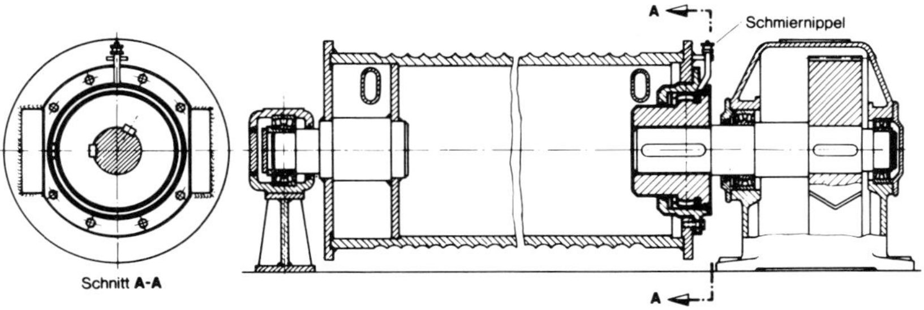

Bild 4.14 Bogenzahngelenk, ausgebildet als Flanschkupplung zum Antrieb von Seiltrommeln

Die drehfeste Verbindung zweier Wellen, die in einem Winkel zueinanderstehen, ist das **Kreuzgelenk,** auch **Kardangelenk** genannt. Gelenkwellen zählen zu den bedeutendsten Elementen moderner Antriebstechnik. Sie werden in den verschiedensten Ausführungen und Größen gebaut. Nachteilig ist die periodische Ungleichförmigkeit der übertragenen Drehbewegung und damit auch des Drehmomentes. ω_2/ω_1 bzw. M_2/M_1 schwanken zwischen $\cos \alpha$ und $1/\cos \alpha$. Die Ungleichförmigkeit kann jedoch durch zwei hintereinandergeschaltete Kreuzgelenkwellen wieder ausgeglichen werden. Möglich sind zwei Anordnungen (Bild 4.16), bei denen die Gabeln der Mittelwelle in einer Ebene liegen müssen. Die Ungleichförmigkeit der mittleren Welle bleibt allerdings erhalten. Für die Konstruktion sind daher geringe Außenabmessungen, geringes Gewicht und damit kleine Schwungmomente erwünscht. Schnellaufende Wellen sollten dynamisch ausgewuchtet sein.

Die Anwendung beim Kraftfahrzeug, wo es darum geht, die Leistung vom Frontmotor auf die gefederte Hinterachse zu übertragen, ist jedem geläufig. Hier müssen neben den Winkeländerungen auch noch Längenänderungen beherrscht werden. Dies wird durch Hintereinanderschalten zweier Kardangelenke und einer längsverschieblichen Zahnwelle erreicht. Man bezeichnet diese Anordnung als Kardanwelle.

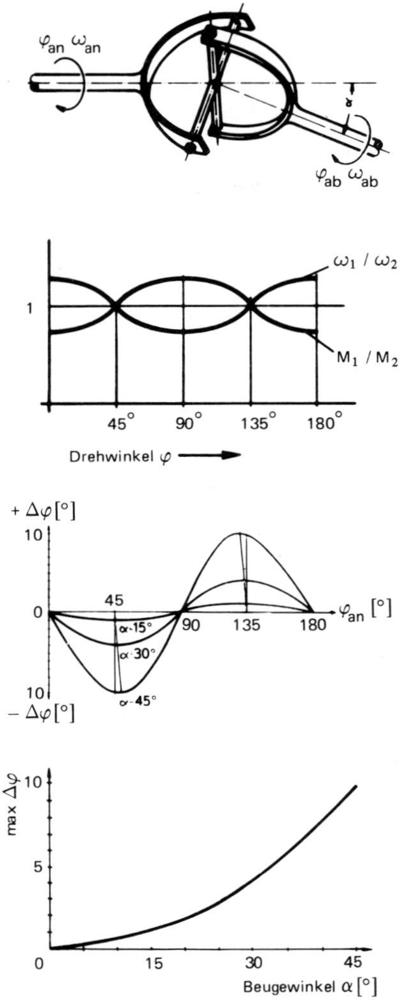

Kreuzgelenk

Differenzdrehwinkels $\Delta \varphi$ zwischen An- und Abtriebswelle als Funktion des Drehwinkels φan und des Beugewinkels α im Bereich $0^\circ \leqq \varphi an \leqq 180^\circ$

Ungleichförmigkeit bei der Übertragung von Drehmoment und Winkelgeschwindigkeit

Mineralwert des Differenzdrehwinkels $\Delta\varphi$max. als Funktion des Beugewinkels.

Bild 4.15 Kinematik des Kreuzgelenkes (DEMAG AG, Duisburg)

Ein ebenfalls drehstarres, beugefähiges Gelenk ist eine Ausführung, bei der die Kraftübertragung durch Wälzlagerkugeln unter Wälzbewegung erfolgt. Von Vorteil ist die beliebige Einbauordnung und der fast gleichförmige Umlauf der Wellen. Der Betrieb zeichnet sich durch schwingungsfreien und extrem geräuscharmen Lauf aus. Die Übertragungselemente sind gehärtete Stahlkugeln, die bei Drehung und Beugung des Gelenkes in den gehärteten

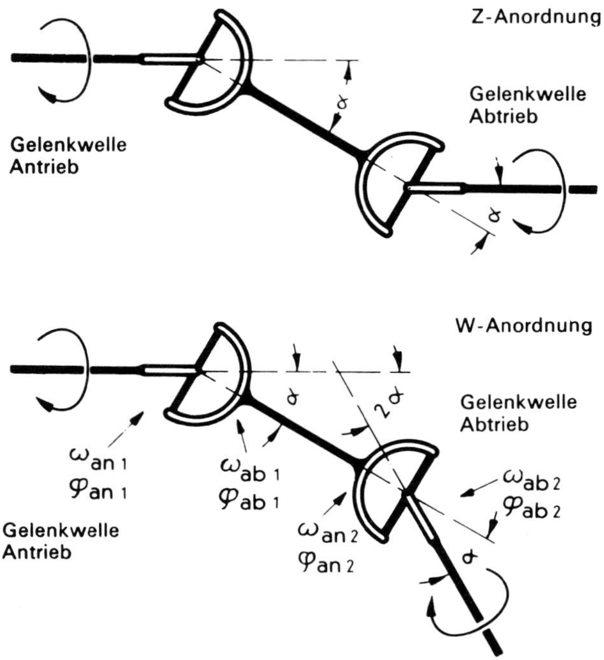

Bild 4.16 Hintereinanderschaltung von 2 Kreuzgelenken (Z- und W-Anordnung) zur Vermeidung von Ungleichförmigkeiten bei der Drehübertragung (DEMAG AG, Duisburg)

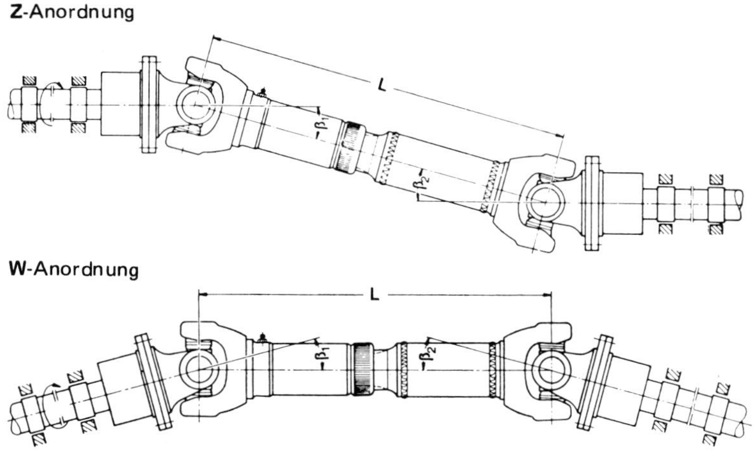

Bild 4.17 Gelenkwelle (Fa. Hackforth GmbH & Co. KG, Herne)

und gehonten Halbbohrungen von Hülse und Nabe sich abwälzen (Bild 4.18). Ausreichend dimensionierte Fettkammern sichern die Schmierung für alle bewegten Kupplungsteile über lange Zeiträume. Ein Faltenbalg dient der Abdichtung zum Schutz gegen Staub und Wasser.

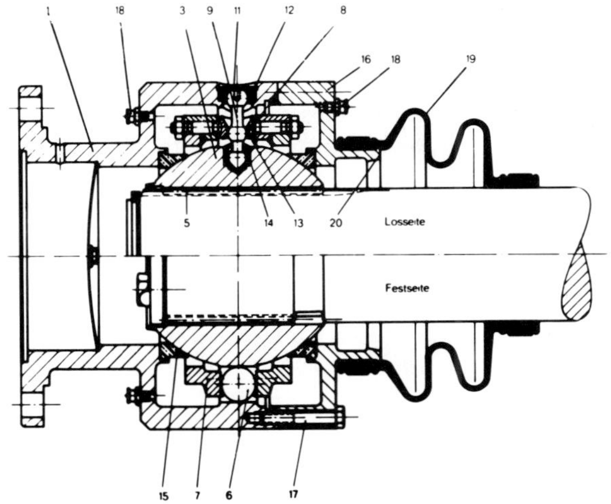

1 Hülse
2 gehonte Halbbohrungen
3 Nabe
4 gehonte Halbbohrungen
5 Kurzverzahnung
6 Kugeln
7 Käfigringe
8 Brücken
9 schwenkbare Bolzen
10 Hülsenbohrungen
11 Deckel
12 Sicherungsringe
13 radiale Brückenbohrungen
14 Führungsbohrungen
15 Gleitringe
16 Deckel
17 Deckelschrauben

Bild 4.18 Homokinetische Wälzgelenkkupplung (Fa. DEMAG AG, Duisburg)

4.2 Schaltbare Kupplungen

Schaltbare Kupplungen gestatten es, die Verbindung oder die Trennung zweier Wellenenden jederzeit leicht durchzuführen. Man unterscheidet formschlüssige und kraftschlüssige Arten. Die formschlüssigen Kupplungen können nur bei Stillstand geschaltet werden, während die kraftschlüssigen Reibungs- und Flüssigkeitskupplungen auch während des Betriebs schaltbar sind. Der Schaltimpuls kommt dabei entweder durch Fremdbetätigung von außen (mechanisch, hydraulisch, pneumatisch, elektromagnetisch) oder selbsttätig nach Überschreiten eines Grenzwertes des Drehmomentes oder der Drehzahl oder durch Drehrichtungsumkehr.

4.2.1 Formschlüssige Kupplungen

Das Einrücken formschlüssiger Schaltkupplungen ist nur im Ruhezustand oder Synchronlauf möglich. Bei diesen Verbindungen werden die Teile hauptsächlich auf Biegung und Abscheren beansprucht. Am bekanntesten ist die Klauenkupplung, deren Kupplungshälften stirnseitig mit Klauen versehen sind. Zum Schalten ist die eine Kupplungshälfte axial verschieblich, aber drehfest angeordnet. Auf dem Prinzip der Klauenkupplung beruht übrigens bei den klassischen Ausführungen der Wechselgetriebe die Schaltung der ständig im Eingriff befindlichen Zahnräder. Meist wird diese Schaltungsart mit speziellen Synchronisiereinrichtungen verwendet, die durch besondere Sperringe ein Schalten des neuen Ganges erst bei Gleichlauf des zu schaltenden Zahnrades und der die Schaltmuffe tragenden Welle ermöglicht und somit das schädliche Ratschen vermeidet.

An die Stelle von Klauen können auch Bolzen oder Zähne gesetzt werden. Zahnkupplungen erlauben durch die feinere Teilung ein leichteres Einkuppeln und durch die größere Zahl der tragenden Flächen eine gedrängtere Bauweise als Bolzen- und Klauenkupplungen. Die Ausbildung der Zähne entscheidet, in welcher Richtung die Kraft übertragen wird. Bemerkenswert sind die Elektromagnet-Zahnkupplungen, die durch Federkraft gekuppelt und durch Magnetkraft entkuppelt werden.

4.2.2 Kraftschlüssige Kupplungen

4.2.2.1 Reibkupplungen

Reibkupplungen können während des Betriebes unter Last geschaltet werden. Der Eingriff geschieht sanft unter Vermeidung von Stößen. Bei Überlastung rutscht die Kupplung durch und schont somit die Maschine. Jede Reibkupplung ist daher als Sicherheitskupplung verwendbar. Zur Erzeugung des Kraftschlusses müssen Axialkräfte aufgebracht werden. Um eine dauernde Kraftaufwendung an der Schaltmuffe zu vermeiden, werden die Reibkupplungen so ausgeführt, daß sie sich selbst geschlossen halten zur Schonung der Lager.

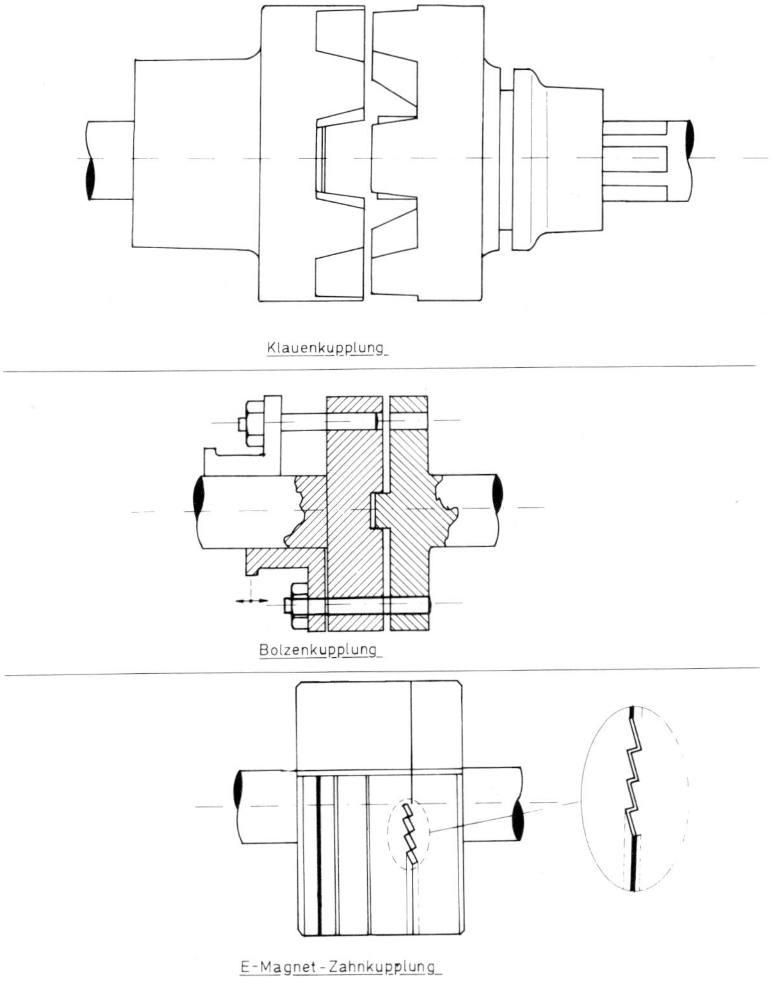

Bild 4.19 Formschlüssige Schaltkupplungen, v.o.n.a. Klauen-, Bolzen-, E-Magnet-Zahnkupplung (Laufer)

Der beim Angleichen der beiden Drehzahlen auftretende Schlupf führt zu Wärmeentwicklung und Verschleiß. Bei synchronem Lauf treten dann keine Dauerverluste mehr auf. Im Vergleich zu anderen kraftschlüssigen Kupplungen wie flüssigkeits- oder elektrodynamischen Kupplungen sind Reibkupplungen einfacher, kleiner und erheblich billiger zu bauen. Sie werden daher bevorzugt, sofern ihr Betriebsverhalten ausreicht.

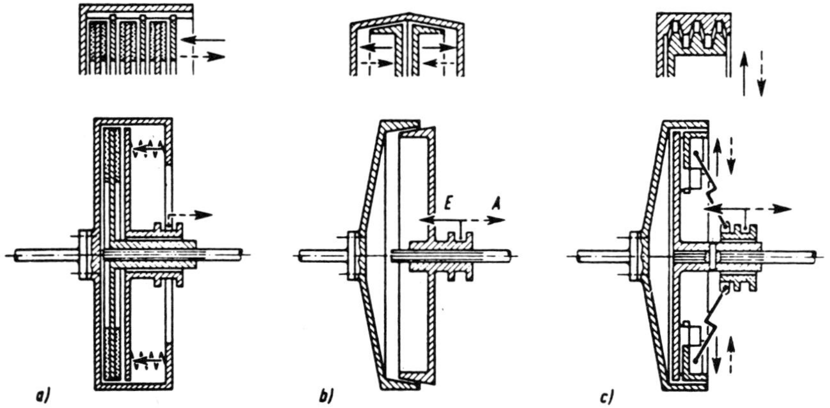

Bild 4.20 Bauformen schaltbarer Reibkupplungen, a) Scheibenkupplung, b) Konuskupplung, c) Zylinderbackenkupplung

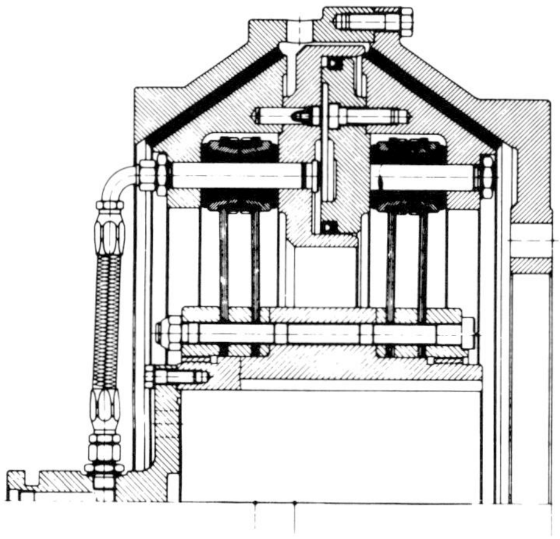

Bild 4.21 Pneumatisch schaltbare Doppelkonuskupplung (Fa. Hackforth GmbH & Co. KG, Herne)

Bei der Auslegung von Schaltkupplungen wird der Gleitreibungsbeiwert (trocken: 0,15 – 0,5 naß: 0,03 – 0,13) zugrundegelegt. Bei Sicherheitskupplungen ist der Haftreibungsbeiwert (1,25 – 2) maßgebend. Die zulässige Flächenpressung in den Reibflächen hängt stark von der Festigkeit und der zulässigen Temperatur der Reibbeläge, vom Verschleißverhalten und der Schalthäufigkeit ab.

Meist läuft eine geschliffene Stahl- oder Gußeisenfläche gegen einen Reibbelag, der auf einer Trägerscheibe aus Stahl aufgeklebt, genietet oder gesintert ist. Bei Ölschmierung kann auch Stahl auf Stahl laufen. Kunststoffbeläge bestehen aus Asbest und je nach Anforderung aus bestimmten organischen oder metallischen Füllstoffen, die durch Kunstharze gebunden sind. Örtlich werden je nach Qualität Temperaturen zwischen 150 und 450 °C ertragen. Bei ölgeschmierten Kupplungen sind zur Gewährleistung des Durchflusses und der Wärmeabfuhr Rillen in die Reibbeläge eingearbeitet.

Entsprechend der großen Bedeutung der Reibungskupplungen in der Antriebstechnik, wurden zahlreiche Bauformen entwickelt. Sie lassen sich nach Anordnung der Reibflächen in drei Grundformen, in Konus-, Scheiben- und Zylinderbackenkupplungen einteilen. Außerdem unterscheidet man zwischen Naß- und Trockenkupplungen. Ferner werden nach der besonderen Aufgabe unterschieden:

Anlauf	- Kupplung zum Beschleunigen,
Wechsel	- Kupplung zum Wechseln der Übersetzung,
Wende	- Kupplung zur Umkehr der Drehrichtung,
Sicherheits	- Kupplung zur Kraft- oder Wegbegrenzung,
Richtungs	- Kupplung zur Kraftübertragung in nur einer Richtung und
Automatik	- Kupplung zum selbsttätigen Kuppeln.

Auch die Art der Bedienung, ob durch Federdruck, manuell, durch Magnet, Druckluft oder Drucköl bestimmen die Konstruktion.

4.2.2.1.1 Konuskupplungen

Eine besonders einfache Bauart ist die Konuskupplung, die früher häufig bei Winden, Mischmaschinen, Baggern und auch bei Fahrzeugen angewandet wurde. Die kegelförmig ausgebildeten Kupplungshälften erfordern beim Zusammenpressen, dank der Keilwirkung, eine relativ geringe Schaltkraft. Die Kupplung wirkt selbstzentrierend, neigt aber bei zu kleinem Konuswinkel zur Selbsthemmung, so daß sich die Mantelflächen aneinander festsaugen. Ein kleinerer Außendurchmesser bzw. eine Steigerung der Kraftübertragung wird mit der **Doppel-Konus-Kupplung** erzielt (Bild 4.21), bei der die Schaltkraft mit Druckluft oder mechanisch durch Hebelübersetzungen auf die Reibflächen einwirkt.

4.2.2.1.2 Scheiben- und Lamellenkupplungen

Die vorherrschende Bauweise bei Reibkupplungen ist die **Einscheiben-Trocken-Kupplung.** Sie ist die bei Kraftfahrzeugen gebräuchlichste Schaltkupplung. Lediglich Fahrzeuge mit vollautomatischen Getrieben bedürfen keiner Kupplung, sofern man von den innerhalb der Getriebe angeordneten Kupplungen absieht, die aber keine Zugkraftunterbrechung hervorrufen. Die Kupplung hat die Aufgabe, die Masse des Fahrzeugs beim Anfahren gleichmäßig und ruckfrei an den Motor anzuschließen und zu beschleunigen. Ferner muß sie die Möglichkeit geben, den Kraftfluß während der Fahrt zu unterbrechen, um die Getriebegänge schalten zu können.

Eine vollständige Kupplung besteht grundsätzlich aus der Kupplungsdruckplatte, der Kupplungsscheibe, dem Ausrücker und dem Schwungrad. Das Gehäuse der Druckplatte ist mit dem Schwungrad verschraubt. Die Kupplungsscheibe wird von der unter Federkraft (Membran-, Teller- oder Schraubenfedern) stehende Anpreßplatte gegen das Schwungrad gedrückt. Der Kraftfluß ist somit durch eine reibschlüssige Verbindung geschlossen. Das Motordrehmoment wird über die Kupplungsscheibe, die auf einer Keilverzahnung der Getriebeeingangswelle sitzt, in das Getriebe weitergeleitet.

Zur Unterbrechung des Kraftflusses muß die Druckplatte entgegen der Federkraft von der Kupplungsscheibe abgehoben werden. Die achsverschiebliche Kupplungsscheibe kommt frei. Die Kupplung ist somit getrennt.

Die Einsatzart und die Drehzahlbeanspruchung bestimmen die Gestaltung der Kupplungselemente. Das Angebot für jeden beliebigen Bedarfsfall ist groß. Die **Membranfederkupplung** setzt sich bei Lkw und leichten Fahrzeugen immer mehr durch. Dies liegt an der größeren Drehzahlfestigkeit und der Möglichkeit, trotz kleinster Bauhöhen den größtmöglichen Anpreßdruck bei geringer Ausrückkraft unterzubringen. Die Membranfeder ist so konstruiert, daß sich separate Ausrückhebel erübrigen. Druckplatten mit Schraubenfederbestückung bieten den Vorteil, die Anpreßkraft durch Wahl von Federgruppen verschiedener Kraftwirkung sehr leicht variieren zu können.

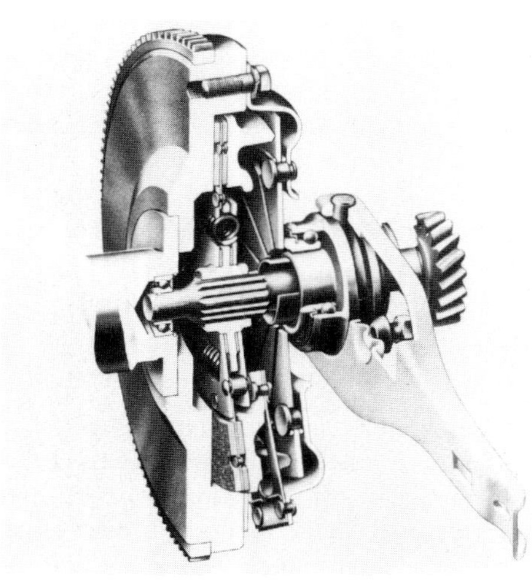

Bild 4.22 Einscheiben-Trockenkupplung (Fa. Fichtel & Sachs AG, Schweinfurt)

Bild 4.23 Kupplungsscheibe mit axial gefederten Belägen (links), Kupplungsscheibe mit Torsionsdämpfer (rechts), (Fa. Fichtel & Sachs AG, Schweinfurt)

Kupplungsscheibe

Sie besteht in ihrer einfachsten Ausführung aus der Nabe und dem Trägerblech mit den beidseitig aufgenieteten Belägen. Um ein weiches rupffreies Anfahren zu erreichen, wird in den meisten Fällen die Kupplungsscheibe durch einen Kranz mit elastischen Segmenten verbessert. Die axiale Federung der Reibbeläge bewirkt ein weicheres Eingreifen der Kupplung und eine gleichmäßige Abnutzung der Beläge. Zwischen den Belägen und der Nabe angeordnete Torsionsdämpfer haben die Aufgabe, Getriebegeräusche zu unterbinden.

Ausrücker

Er ist ein weiteres Hauptteil der Kupplung. Man unterscheidet die auf einer Schiebehülse zentral geführte und die in einer Ausrückgabel schwenkbar gelagerte Ausführung. Wegen des Verschleißes ist ein axiales Verstellen des Ausrückers vorgesehen.

Aus der Einscheibenkupplung ist die **Mehrscheiben-** oder **Lamellen-Kupplung** hervorgegangen. Durch die insgesamt größere Reibfläche können entsprechend größere Momente übertragen bzw. der Außendurchmesser verringert werden.

Die im Primärteil der Kupplung gelagerten Außenlamellen sind abwechselnd mit den Innenlamellen des Sekundärteils zu einem Lamellenpaket geschichtet. Je nach Kupplungspart werden die Lamellen mechanisch, elektromagnetisch, hydraulisch oder pneumatisch fest aufeinander gepreßt und somit der Reibschluß erzeugt. Bei der mechanisch geschalteten Kupplung wird die von der Schaltgabel und dem Schaltring umfaßte Schiebemuffe über mehrere in der Kupplung angeordnete Winkelhebel geschoben. Dabei drücken die Winkelhebel mit ihren kurzen Enden auf das Lamellenpaket und bewirken den Kraftschluß zwischen den Lamellen. Bemerkenswert sind die wellenförmig gebogenen Lamellen (SINUS-LAMELLE), die sowohl ein sanftes Einschalten, als auch ein sicheres Auskuppeln ohne Ankleben der Lamellen bewirken.

Kupplungseinstellung

Mechanisch betätigte Kupplungen sind bei Inbetriebnahme auf optimales Schaltverhalten einzustellen. Zu lockere Einstellung erhöht die Erwärmung infolge zu langer Rutschzeit, zu harte Einstellung kann aufgrund nicht vollständigen Einrückens die gleichen Nachteile hervorrufen. Während der Einlaufphase muß die Kupplung gelegentlich kontrolliert und bei Bedarf nachgestellt werden.

Druckmittel betätigte Kupplungen sind nachstell- und wartungsfrei.

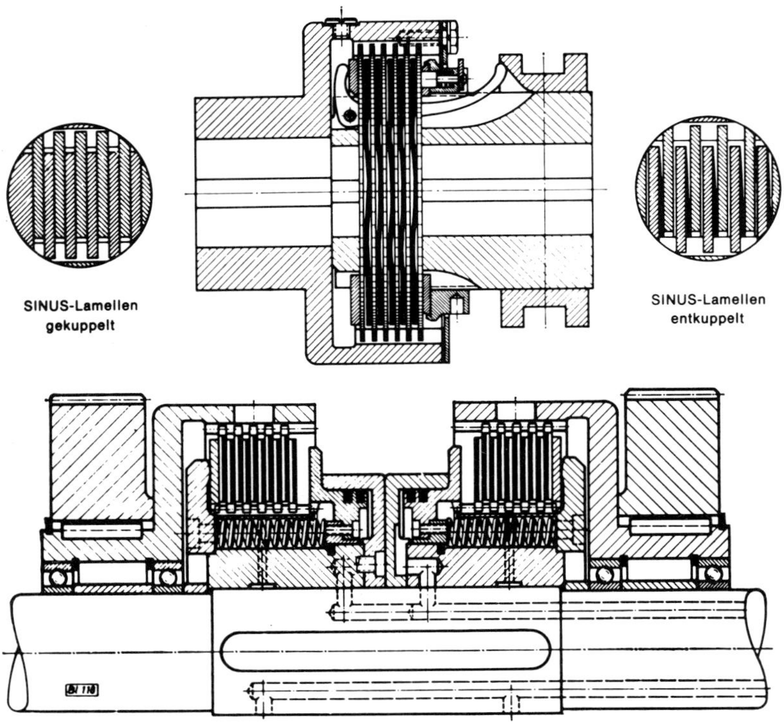

Bild 4.24 Lamellenkupplungen, Fa. Ortinghaus GmbH, Wermelskirchen
oben: mechanisch betätigt mit federnden SINUS-Lamellen
unten: hydraulisch betätigt

Verschleiß

Übliche Reibpaarungen sind Stahl/Stahl, Stahl/Sinterbronze und Stahl bzw. Guß/organischer Belag. Grundsätzlich ist die Reibungszahl trockenlaufender Lamellen viel höher als die naßlaufender. Der Schmierzustand beeinflußt bei nassen Lamellen das Reibverhalten sehr stark. Während des Schaltens wird die Synchronisierung über den noch geschlossenen Schmierfilm als hydrodynamische Mitnahme eingeleitet. Durch das Gleiten der angepreßten Lamellen wird der Ölfilm aufgerissen. Es entsteht Mischreibung. Der zeitliche Abbau des Schmierfilms hängt von der Homogenität und der Profilierung der Reibflächen ab. Mit abnehmender Gleitgeschwindigkeit nimmt der Anteil der Festkörperreibung zu. Das Maximum wird im Synchronpunkt erreicht.

Oberstes Kriterium bei der Verwendung von Lamellenkupplungen in Baumaschinen ist zweifellos der Verschleiß. Der Lamellenverschleiß hängt ab von der Rutschzeit bzw. der Wärmebelastung, vom verwendeten Reibwerkstoff sowie von der Beschaffenheit der Gegenlamelle. Intensive Kühlung ist Voraussetzung sowohl für die erträgliche Verschleißwirkung, als auch für die Nutzung des maximalen Arbeitsvermögens. Im Trockenlauf geschieht das durch gute Luftzirkulation. Im Naßlauf erfolgen Schmierung und Kühlung durch Ölnebel oder Spritzöl. Die Kupplung soll aber nicht in Öl eintauchen. Geschmierte Kupplungen weisen immer niedrigeren Verschleiß auf als trockenlaufende.

Ausschließlich für den Naßlauf ist die Reibpaarung Stahl/Stahl geeignet. Sie hat sich bewährt sofern die Temperaturspitzen niedrig genug sind. Überschreitet die zugeführte Wärmemenge einen noch zulässigen Wert, wächst der Verschleiß stark an. Es kommt zum Fressen und damit zur Zerstörung der Reibflächen.

Die steigenden Anforderungen in Bezug auf Wärmebelastbarkeit, Flächendruck, Gleitgeschwindigkeit, höherer Schalthäufigkeit und Verschleiß führte zur Entwicklung von Belägen aus Sinterbronze, die in ihrer Paarung mit Stahl anderes Verhalten zeigen als Stahl auf Stahl. Sinterbronze ist örtlich überhitzbar. Das liegt daran, daß durch Ausschwitzen selbstschmierender Bestandteile die Reibungszahl an den örtlich überhitzten Stellen abfällt und die Mitnahme durch die benachbarten kühleren Flächenteile erfolgt. Die Eigenschaft verleiht dem Sinter sog. "Notlaufeigenschaften", da er nicht allein auf das Öl als Kühlmittel angewiesen ist und erhält auch seine gute Eignung in den Poren zur Kühlung und damit zur Verschleißminderung bei. Wichtig ist jedoch, daß sich diese Poren nicht durch die bei hohen Reibflächentemperaturen auftretende Ölkohle zusetzen, da hierdurch die Reibungszahl und die Wärmebelastbarkeit stark abfallen. Dem kann man durch besondere Profilierung der Reibflächen und genügende Frischölzufuhr entgegenwirken. Einem regelmäßigen Ölwechsel kommt eine besondere Bedeutung zu.

Einsatzmöglichkeiten

Der Lamellenkupplung kommt heute auf dem Baumschinensektor, besonders bei Leistungsgeräten, eine überragende Bedeutung zu. Öldruck- und Druckluft betätigte Typen gestatten Fernbedienung und erlauben den Einbau in die Getriebe selbst. Die Lamellenkupplung ist ein wichtiger Bestandteil unserer modernen Lastschaltgetriebe, wie sie in Planierraupen oder ähnlichen Erd-

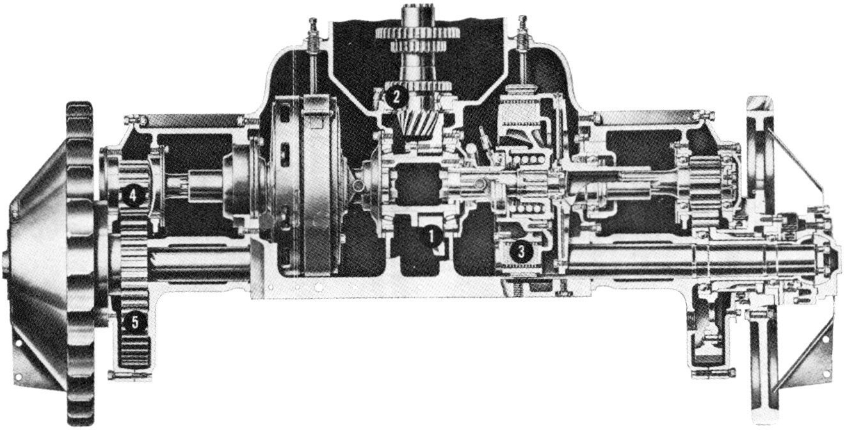

1. Kegelrad zur Einleitung des Kraftflusses direkt in den Endantrieb
2. Doppelkegelrollenlager
3. Lamellen-Lenkkupplungen
4. Endantriebswelle mit Stirnrad

Bild 4.25 Lenksystem eines Kettenfahrzeuges mit Lamellenkupplungen (DEMAG AG, Duisburg)

Bild 4.26 Bagger- und Seiltrommel mit Kupplungsaggregat (Weserhütte Otto Wolff GmbH, Bad Oeynhausen)

bewegungsgeräten eingebaut sind. Aber auch das Lenksystem der meisten Kettenschlepper besteht aus Lamellenkupplung und Bandbremse. Auf jeder Laufwerkseite können die Kettenräder separat nicht nur ausgekuppelt, sondern noch zusätzlich gebremst werden. Wird die Kupplung auf einer Seite geöffnet, so wird sich das Laufwerk nur noch schleppend mitdrehen, und die Maschine macht ein Wendung um das ausgekuppelte Laufwerk. Dabei wird die Größe des Wendekreises in der Hauptsache von der Bewegungsmöglichkeit des ausgekuppelten Laufwerkes abhängen. Für sehr enge Wendungen wird zusätzlich noch über die abriebsseitig sitzende Lenkbremse das Laufwerk blockiert.

Um Kupplung und Bremse zu entlasten und entsprechend kleiner dimensionieren zu können, werden die hohen Abriebsmomente über Untersetzungsgetriebe in Stirnrad- bzw. Planetenbauweise erst unmittelbar im Seitenabtrieb gebildet. Bei Seilbaggern werden die Winden mit Lamellenkupplungen und Bremsen servomechanisch gesteuert. Auch die Wendegetriebewelle gibt über großflächige Lamellenkupplungen den Kraftschluß zum Schwenk- und Fahrwerk. Weitere Anwendungsbeispiele finden sich in den Wendegetrieben von Mischmaschinen und Fahrantrieben von Straßenwalzen und im Kranbau. Lamellenkupplungen sind zur Übertragung besonders hoher Leistungen geeignet. So erfolgt beispielsweise der Schaufelradantrieb eines Abraumbaggers über mehrere Lamellenkupplungen. Der Anschlußwert eines Baggers mit einem Schaufelraddurchmesser von etwa 16 m beträgt ca. 10300 kVA, entsprechend dem Strombedarf einer mittleren Industriestadt mit 60.000 Einwohnern.

Lamellenkupplungen eignen sich wie alle Reibungskupplungen als Sicherung gegen Überlastung und um Brüche zu verhindern. Natürlich sind nicht alle Arten gleich gut für diesen Zweck geeignet. **Sicherheitskupplungen** müssen einstellbar sein auf ein bestimmtes Nennmoment. Bei unzulässiger Momentüberschreitung erfolgt die selbsttätige Trennung von Motor und Arbeitsmaschine zum Schutze der Anlage vor Schäden. Oftmals sind Sicherheitskupplungen unmittelbar in Riemenscheiben, Zahn- oder Kettenrädern eingebaut.

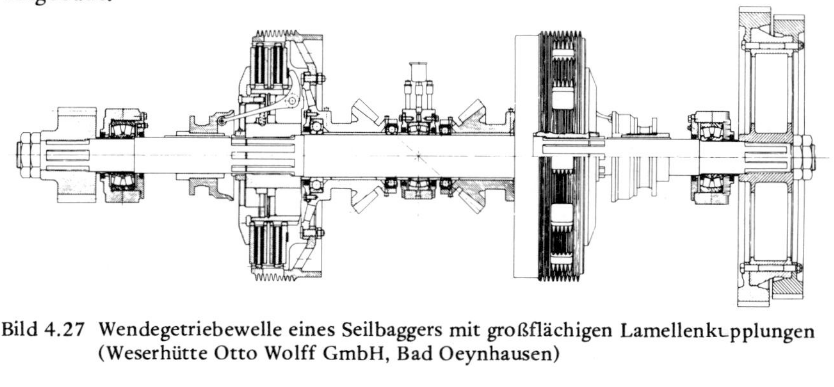

Bild 4.27 Wendegetriebewelle eines Seilbaggers mit großflächigen Lamellenkupplungen (Weserhütte Otto Wolff GmbH, Bad Oeynhausen)

Umgekehrt werden Reibungskupplungen auch als ausgesprochene **Anlaufkupplungen** konzipiert, um die getriebene Seite vor einer zu hohen Beschleunigung zu schützen. Hierbei ist das Reibmoment nur wenig größer als das Beharrungsmoment. Bei Elektroantrieben können durch den lastfreien Anlauf Stromspitzen im Netz abgebaut werden.

Elektromagnetisch geschaltete Lamellenkupplung

Der Vollständigkeit halber soll noch die elektromagnetisch geschaltete Lamellenkupplung erwähnt werden, die meist in Haupt- und Vorschubgetrieben von Werkzeugmaschinen eingebaut sind. Aber auch bei Baumaschinen gewinnt diese Kupplung immer mehr an Bedeutung. Hauptvorteil ist die sehr einfache Form der Einschaltung und die damit verbundene Möglichkeit der Fernsteuerung von beliebigen Stellen aus, bei unbegrenzter Zahl der Schaltstellen. Darüberhinaus sind Programm- und Fühlersteuerungen möglich.

Die Kupplung ist als völlig wartungsfrei anzusehen, da der Lamellenverschleiß sich selbsttätig ausgleicht. In einer der beiden Kupplungshälften ist ein Elektromagnet untergebracht, der über Schleifringe mit Gleichstrom gespeist wird. Je nach Konstruktion wird beim Einschalten des Stromkreises die Kupplung entweder geschlossen oder gelüftet. Der entsprechende umgekehrte Vorgang wird mit Federdruck bewirkt. Man unterscheidet Kupplungen mit durchflutetem Lamellenpaket und solche mit nicht durchflutetem Lamellenpaket.

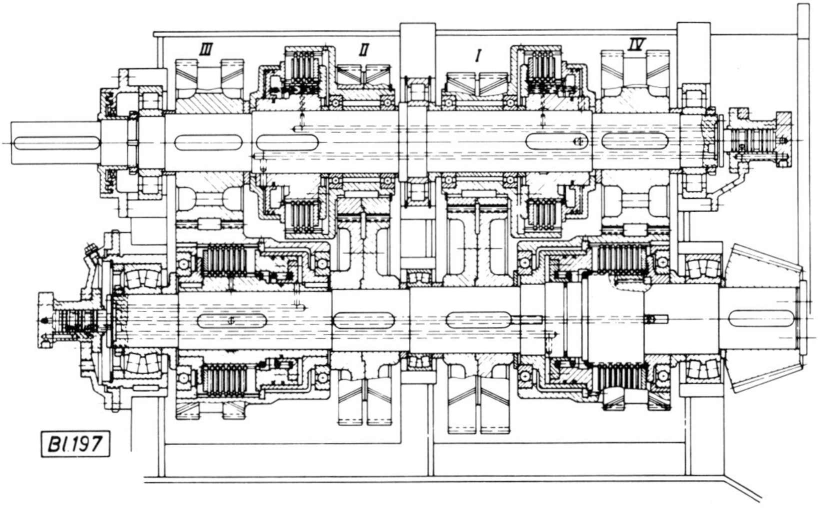

Bild 4.28 Vier hydraulisch betätigte Lamellenkupplungen im Getriebe für den Schaufelradantrieb eines Abraumbaggers (Fa. Ortlinghaus GmbH, Wermelskirchen)

4.2.2.1.3 Zylinderbackenkupplungen

Bei diesen Kupplungen werden im einfachsten Falle zwei Backen gegen die Innenwand eines Hohlzylinders gepreßt. Da die Betätigung der Backen zu aufwendigen Konstruktionen führt, kommt dieser Bauform nur eine untergeordnete Bedeutung zu. Allerdings sind nach ähnlichem Prinzip die selbstschaltenden Fliehkraftkupplungen aufgebaut.

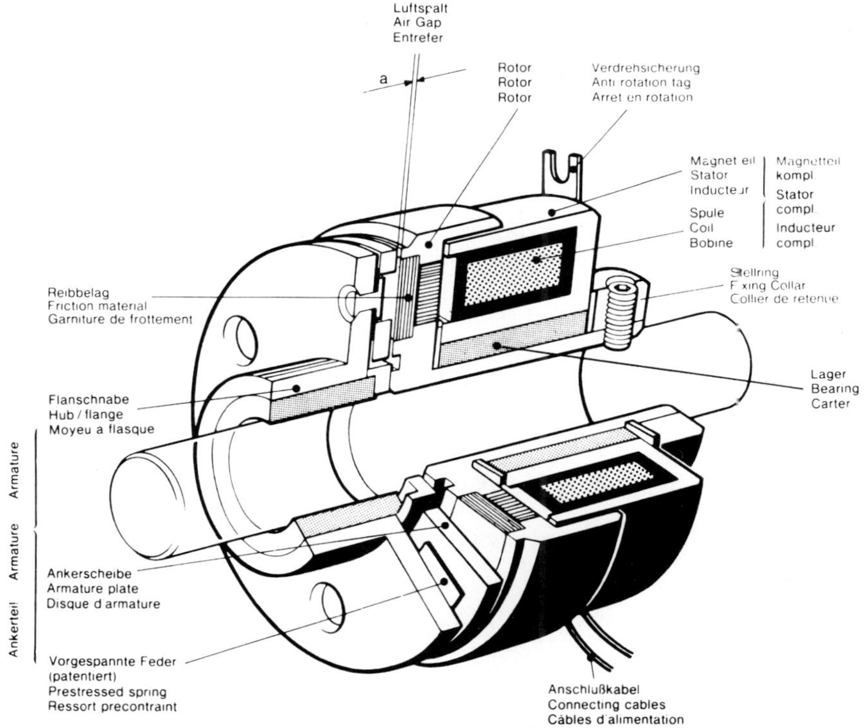

Bild 4.29 Elektromagnetisch betätigte Lamellenkupplung (Maschinenfabrik LENZE KG, Extertal)

Eine andere Art ist die sog. **Spreizband-Kupplung.** Bei ihr wird ein beschichtetes Stahlband von innen gegen die Kupplungstrommel gedrückt. Spreizbandkupplungen findet man bei den Windwerken von Kränen und Seilbaggern. Die Wirkungsweise der **Schlingband-Kupplung** ist die eines Spills. Ein schraubenförmiges Federband ist so gewickelt, daß es zunächst lose über die Abtriebswelle gestülpt ist. Beim Einkuppeln genügt schon ein verhältnismäßig geringer Druck, damit sich das Schraubenband durch Reibung von selbst festzieht und zwar um so stärker, je größer die zu übertragende Kraft ist. Diese Kupplung ist nur in einer Drehrichtung wirksam.

Eine andere Bauart ist die **Luftreifen-Kupplung,** die durch Druckluft betätigt wird. Wesentliches Konstruktionsmerkmal ist ein aufblähbarer elastischer Gummireifen, der annähernd elliptischen Querschnitt hat und durch mehrere Gewebeeinlagen verstärkt ist. Durch Befüllen des Reifens mit Druckluft dehnt sich derselbe aus und drückt an seinem inneren Umfang angeordnete Reibschuhe gegen eine Reibscheibe. Hierdurch findet die Kraftübertragung am umhüllenden Zylinder statt.

Infolge der Elastizität des Reifenkörpers ist ein Nachstellen der Kupplung nicht erforderlich, da die Reibbeläge bis zur vollständigen Abnutzung stets gleichmäßig an die Reibtrommel gedrückt werden. Dadurch ist die Kupplung wartungsfrei. Im ausgeschalteten Zustand besteht zwischen den Reibbelägen und der Reibscheibe stets ein Luftspalt, so daß ein Schleifen der Kupplung auch während längerer Leerlaufphasen ausgeschlossen ist.

Das übertragbare Drehmoment ist annähernd proportional dem Betriebsluftdruck. Deshalb kann ein sanfter Anlauf erzielt werden, indem der Luftdruck durch ein Drosselorgan zeitabhängig so dosiert wird, daß das Kupplungsmoment entsprechend den Anlaufverhältnissen mehr oder weniger schnell ansteigt.

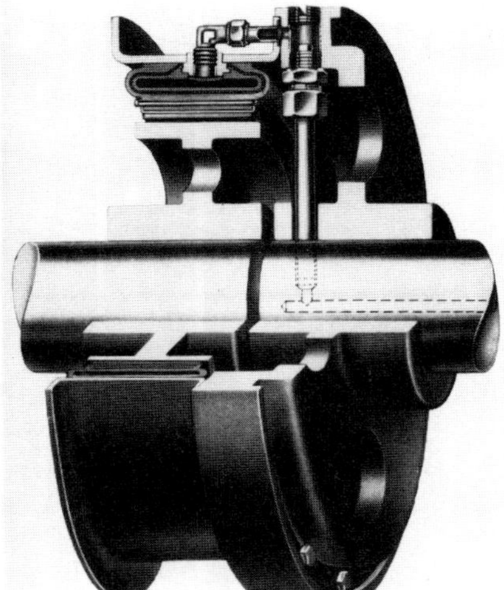

Bild 4.30 Elastische Luftreifen-Schaltkupplung (Fa. Kauermann KG, Düsseldorf)

4.2.2.1.4 Magnetpulver-Kupplungen

Die Magnetpulver-Kupplung ist vom prinzipiellen Aufbau her eine Reibungskupplung. Im Luftspalt zwischen zwei sich drehenden Stahlzylindern befindet sich Eisenpulver. Mit einer Erregerspule wird das System von einem magnetischen Feld durchsetzt. Das Pulver im Luftspalt orientiert sich in Abhängigkeit vom herrschenden magnetischen Feld. Je nach Stromstärke "klebt" das Pulver die beiden Kupplungshälften mehr oder weniger fest zusammen. Das Drehmoment ist stufenlos einstellbar und ist nahezu proportional dem Erregerstrom. Die Kupplung eignet sich daher einerseits für den Schweranlauf, andererseits aber auch als Sicherheitsbegrenzung. Das Drehmoment ist unabhängig von der Antriebsdrehzahl und vom Schlupf. Der jeweils eingestellte Drehmomentwert ändert sich praktisch nicht, wenn ein Übergang vom synchronen Lauf zum Schlupf, z.B. durch Laststeigerung eintritt. Die Magnet-

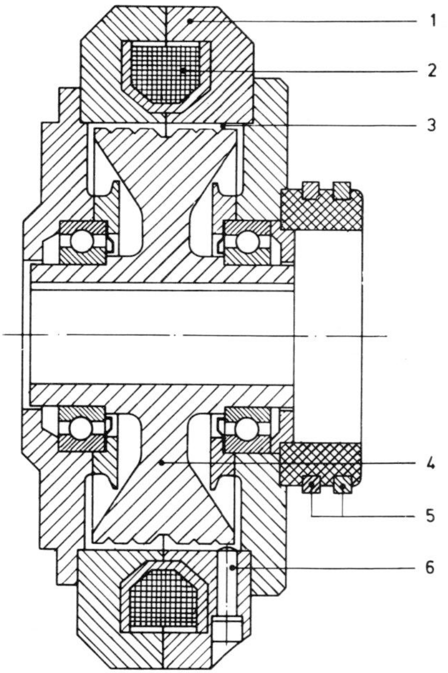

1 Außenteil
2 Erregerspule
3 Arbeitsspalt
4 Innenteil
5 Schleifringe
6 Pulvereinfüll- und ablaßschraube
7 Pulverringe

Schnittbild der MPK

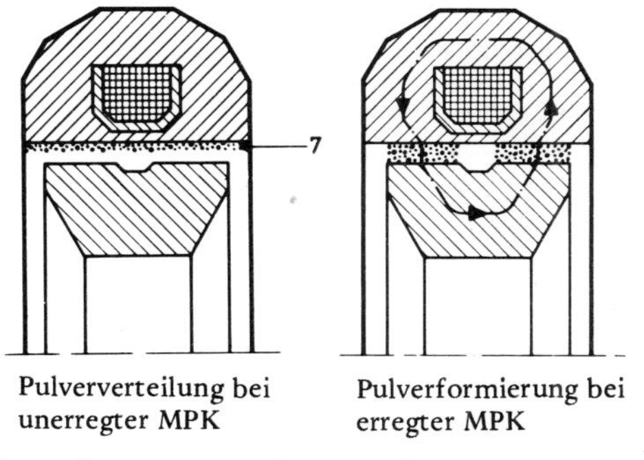

Pulververteilung bei unerregter MPK

Pulverformierung bei erregter MPK

Bild 4.31 Aufbau einer Magnetpulver-Kupplung (Fa. Elektro-Mechanik GmbH EMG, Wenden) pulver-Kupplung kennt keinen Unterschied des Reibwertes der Ruhe (= synchroner Lauf) zu dem der Bewegung (= Schlupf) und stellt damit in idealer Weise eine Sicherheitskupplung dar. Sie kann wertvolle Maschinenteile, z.B. das Schaufelrad von Großbaggern, gegen Überlastung schützen; denn das relativ sehr große Schwungmoment des Läufers des Antriebsmotors kann nicht mehr auf das zu schützende Teil einwirken.

Die Magnetpulver-Kupplung ermöglicht also den ausgesprochen sanften Anlauf von Arbeitsmaschinen, ohne daß das zu speisende Netz und der Antriebsmotor überlastet werden. Der Antriebsmotor und seine Schaltgeräte brauchen daher nicht für die Überwindung von Anlaufdrehmomenten überdimensioniert werden. Weiterhin können Motor und Kupplung gleichzeitig eingeschaltet werden. Der Motor hat seinen Hochlauf bereits beendet, ehe die Belastung durch das weich ansteigende Moment einsetzt.

4.2.2.1.5 Selbstschaltende Kupplungen

Bei den selbstschaltenden Kupplungen werden wechselnde Betriebsverhältnisse zur Schaltung ausgenutzt. Hierbei kann es sich um Änderung des Drehmomentes oder der Drehzahl handeln. Drehmomentüberschreitung kann z.B. für die nachgeschalteten Aggregate schädlich sein und wird durch Sicherheitskupplungen von diesen ferngehalten, indem eine solche Kupplung bei Überschreitung des höchstzulässigen Drehmomentes durchrutscht oder aber Sollbruchstellen hat.

Bei selbstschaltenden Kupplungen, die auf Drehzahländerungen ansprechen, unterscheidet man solche, die auf Überholbewegungen zweier Wellen ansprechen (**Freilaufkupplungen**) und solche, die auf die Drehfrequenz der treibenden Wellen ansprechen (**Fliehkraftkupplungen**).

Freilaufkupplungen sind dann am Platze, wenn das Drehmoment nur in einer Drehrichtung übertragen werden soll. Fliehkraftkupplungen werden verwendet, wenn eine Arbeitsmaschine erst oberhalb einer bestimmten Drehzahl angetrieben werden soll.

Drehmomentbetätigte Kupplungen (Sicherheitskupplungen)

Sicherheitskupplungen haben die Aufgabe, das übertragene Drehmoment zu begrenzen, um die Maschinen vor Schäden durch Überlastung zu bewahren. Diese Kupplungen schalten bei Momentüberschreitung automatisch ab. In selteneren Fällen handelt es sich hierbei um **Brech-Kupplungen** mit Sollbruchstellen in Form von Brechringen oder -bolzen, die bei unvorhergesehenen Zwischenfällen zu Bruch gehen und den Kraftfluß augenblicklich unterbrechen. Dieser Fall ist stets mit einer Stillsetzung der ganzen Anlage und einer Betriebsunterbrechung zur Erneuerung der zerstörten Teile verbunden. Deshalb sollte diese Kupplung nur dort eingesetzt werden, wo Überlastungen nicht zu den normalen Betriebsverhältnissen, sondern zu unvorhergesehenen Zwischenfällen gehören.

Im allgemeinen werden Sicherheitskupplungen als Rutschkupplungen gebaut. Jede Reibungskupplung läßt sich als **Rutschkupplung** verwenden, indem man sie für ein bestimmtes, höchstzulässiges Drehmoment auslegt unter Berücksichtigung der Reibungszahl. Natürlich sind nicht alle Bauformen gleich gut für diesen Zweck geeignet.

Die meisten Rutschkupplungen sind so konstruiert, daß das Höchstdrehmoment nach Belieben eingestellt werden kann. Ein Vorteil ist der, daß auch während des Durchrutschens das eingestellte Moment übertragen wird und die Kupplung sofort wieder schlupffrei arbeitet, sobald das zu übertragende Moment unter das eingestellte Rutschmoment abgesunken ist. Ein Problem ist hierbei die Wärmeabfuhr. Bei längerdauerndem Schlupf muß die Maschine unter Umständen abgeschaltet werden.

In der Regel sind **Überlastkupplungen** zugleich auch **Anlauf-Kupplungen.** Der Motor kann beim Einschalten sofort auf seine Betriebsdrehzahl hochlaufen, während sich die Drehzahl der Arbeitsmaschine entsprechend dem Rutschmoment gleichmäßig steigert bis An- und Abtriebswelle gleichschnell laufen. Hohe Drehmomente, die beispielsweise beim Einschalten von Motoren

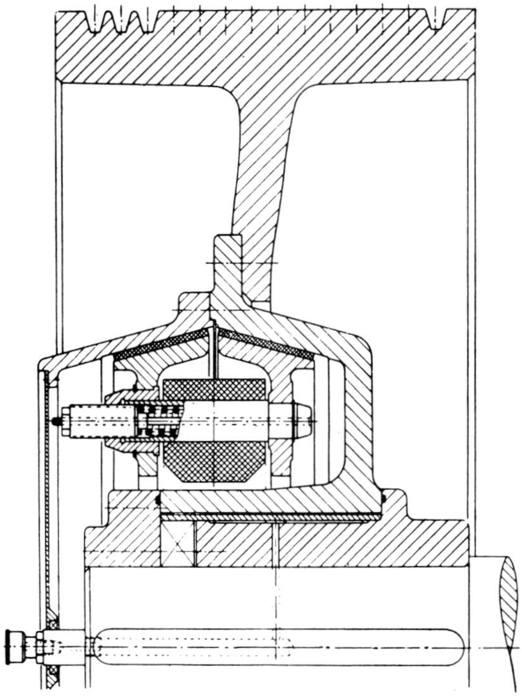

Bild 4.32 Doppelkonus-Sicherheits-Rutschkupplung, eingebaut in der Keilriemen-Schwungscheibe eines Doppelwellen-Hammerbrechers, Reibschluß mit Federkraft einstellbar (Fa. Hochreuter & Baum, Ansbach)

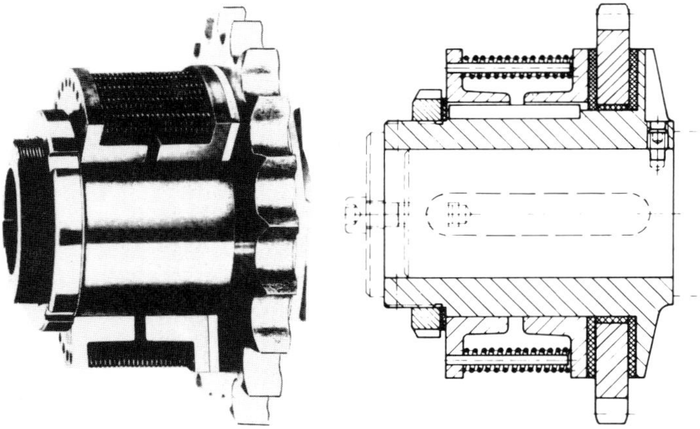

Bild 4.33 Rutschnabe mit eingebautem Kettenrad (Fa. Ringspann Albrecht Maurer KG, Bad Homburg)

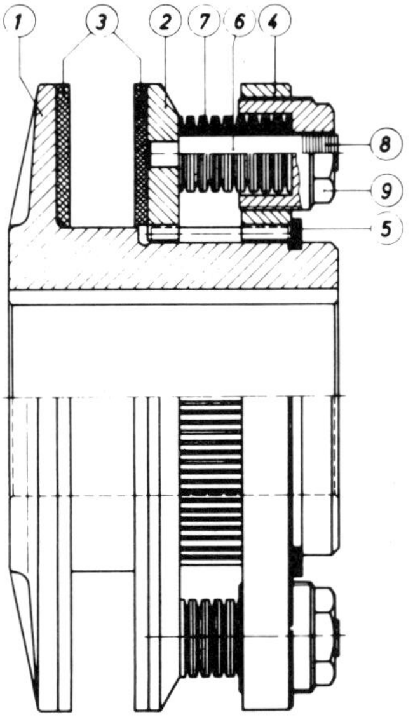

1 Nabenkörper
2 Anpreßplatte
3 Bremsbeläge
4 Stützring
5 Sicherungsring
6 Führungsbolzen
7 Tellerfedern
8 Einstellskala
9 Stellschraube

Bild 4.34 Sicherheits-Kupplung mit einstellbarem Rutschmoment (Fa. Hochreuter & Baum, Ansbach) mit Kurzschlußläufer oder beim Umkehren der Drehrichtung auftreten und ein Mehrfaches des größten im Betrieb auftretenden Momentes betragen können, werden durch Rutschen der Kupplung abgebaut.

Rutschkupplungen in Kombination mit dem Last-Trum von Ketten- oder Riemenantrieben, haben sich als sog. "Rutschnaben" in den letzten Jahren in der Antriebstechnik erfolgreich durchgesetzt. Sie werden als Überlastsicherung vorzugsweise direkt auf Wellenstümpfe gesetzt und übertragen das Drehmoment über Reibbeläge auf Kettenräder, Keil- oder Zahnriemenscheiben.

Rutschkupplungen sind geeignet zur Aufnahme schwerer Stoßbeanspruchungen, wie sie z.B. in Hammerbrechern auftreten. Fremdkörper im Gestein, wie z.B. Baggerzähne oder andere schwere Stahlteile, die gelegentlich in den Brecher gelangen können, führen schlagartig zu gewaltigen Überlastungen, die ohne eine Sicherheitskupplung schwere Brüche und Schäden hervorrufen, wie das schon wiederholt vorgekommen ist. Ein Stillstand des Werkes mit entsprechendem Produktionsausfall ist dann die nicht zu vermeidende Folge.

Drehrichtungsbetätigte Kupplungen (Freilaufkupplungen)

Der Freilauf ist seit etwa 100 Jahren bekannt. Als selbstschaltendes Antriebselement hat er sich in den verschiedensten Konstruktionsarten weite Bereiche des Maschinen-, Fahrzeug- und Flugzeugbaus erobert. Der Freilauf vereinigt in sich die Funktion einer Überholkupplung, einer Rücklaufsperre und eines Schaltwerks zugleich.

Die Kraftübertragung ist nur in einer Drehrichtung möglich, d.h. der treibende Teil nimmt den getriebenen in einer Drehrichtung mit. Sobald die Kraftrichtung wechselt bzw. die Abtriebswelle schneller läuft und damit die Antriebswelle überholt, löst sich die Kupplung automatisch. Die Verbindung der gekuppelten Aggregate ist sofort unterbrochen. Die Kupplung arbeitet im Freilauf. Erst beim Abschalten oder bei einem Ausfall des Antriebsmotors tritt die Rücklaufsperre in Funktion, wenn die durch eine weiter wirkende Betriebslast auftretende rückläufige Drehbewegung verhindert werden muß. Die Fördertechnik (Krane, Bauaufzüge, Förderbänder, Rolltreppen, Pumpen usw.) bietet viele Anwendungsmöglichkeiten.

Aus der Anfangszeit der Freilaufherstellung ist eigentlich nur eine Konstruktion bekannt, die sich in der damaligen Ausführung bis heute in fast unveränderter Form bewährt hat, nämlich der Fahrrad-Freilauf. Die Vielfalt der heute angebotenen Bauformen lassen sich alle auf zwei Grundausführungsformen zurückführen, nämlich den **Klemmrollen-Freilauf** und den **Klemmkörper-Freilauf**. Der Klemmrollen-Freilauf besteht im wesentlichen aus einem Außenring mit zylindrischer Innenlaufbahn, einem Innenring mit keilförmig ausgebildeten Klemmflächen und den zwischen diesen beiden Ringen angeordneten Klemmrollen.

Gemäß Bild 4.35 kann leicht eingesehen werden, daß die Kraftübertragung durch Klemmwirkung nur in einer Drehrichtung möglich ist. Um eine sichere Funktion zu gewährleisten, werden die Klemmrollen häufig angefedert, so daß sie mit beiden Ringen ständig in Kontakt sind. Durch diese ständige Eingriffsbereitschaft wird erreicht, daß der Freilauf sofort ohne Verzögerung kuppelt, sobald einer der beiden Ringe relativ zum anderen in Sperrichtung gedreht wird.

Einen Freilauf mit Klemmkörpern zeigt Bild 4.36. Bei stillstehendem Innenring kann der Außenring nur im Uhrzeigersinn frei gedreht werden. Versucht man jedoch den Außenring – ebenfalls bei festgehaltenem Innenring – in entgegengesetzter Richtung zu drehen, so wird die Selbsthemmung wirksam. Die Klemmstücke verspannen sich schlupffrei zwischen den Laufbahnen. Zum besseren Verständnis sind im Detail die Berührungspunkte am

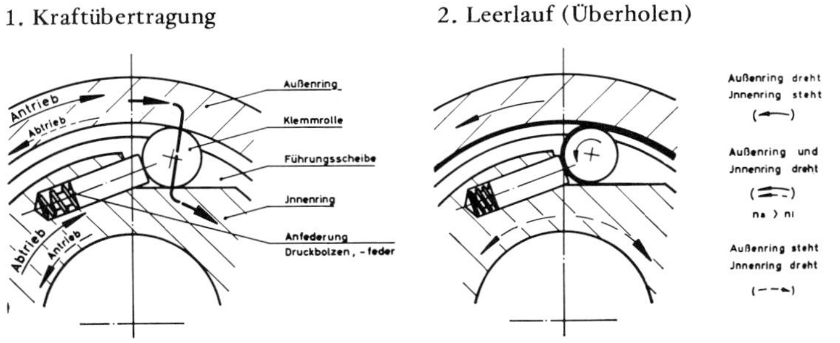

Bild 4.35 Funktionsprinzip eines Klemmrollen-Freilaufs (Fa. Stieber & Nebelmeier, München)

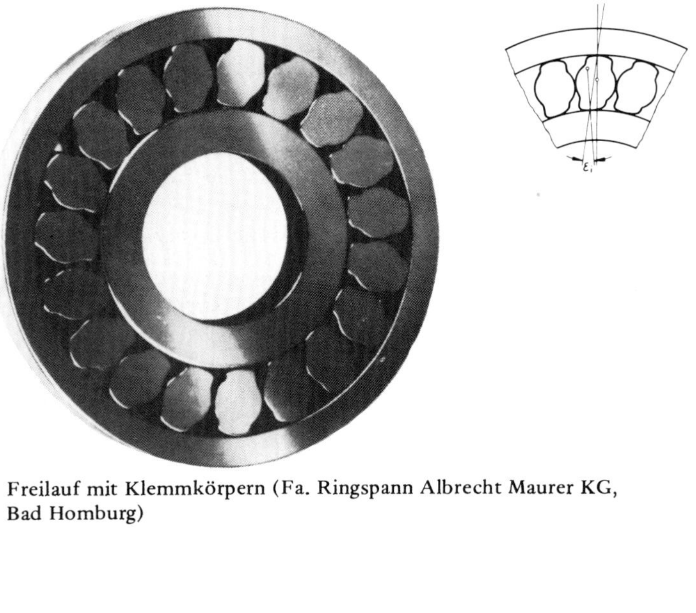

Bild 4.36 Freilauf mit Klemmkörpern (Fa. Ringspann Albrecht Maurer KG, Bad Homburg)

Innen- und Außenring der Linien verbunden. Wie man sieht, bildet diese Verbindungslinie gegenüber dem Radius einen Winkel, den sog. Klemmwinkel, der kleiner als der Reibungswinkel ist.

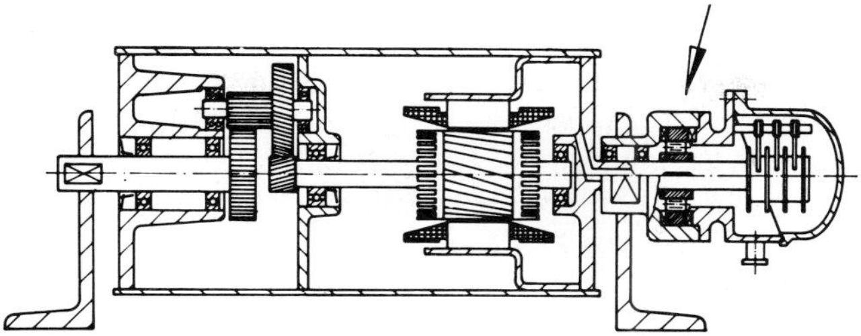

Bild 4.37 Klemmrollen-Freilauf als Rücklaufsperre an der Antriebstrommel einer Bandanlage (Fa. Stieber & Nebelmeier, München)

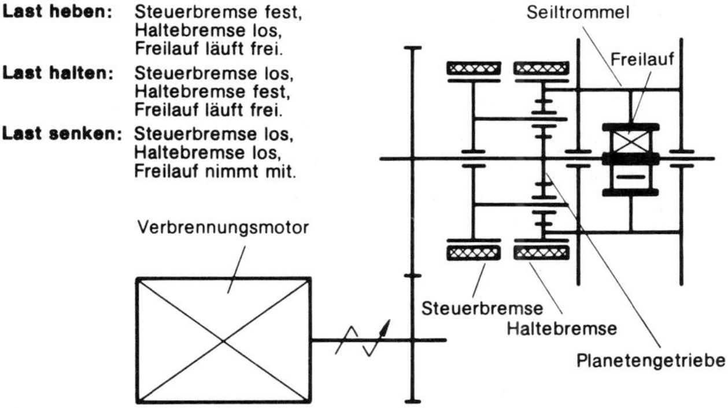

Bild 4.38 Arbeitsweise eines Freilaufs in einem Winden-Wendegetriebe (Ringspann A. Maurer KG, Bad Homburg)

Bei Baumaschinen ist der Freilauf ein zwar recht unbeachtetes, aber dennoch unentbehrliches Maschinenelement. Seine Funktion als Rücklaufsperre ist für die Aufrechterhaltung der Betriebssicherheit von besonderer Bedeutung, beispielsweise bei

- Schrägförderbandanlagen und Elevatoren, um zu verhindern, daß das Fördergut bei Stromausfall oder abgestelltem Motor zurückläuft,
- Kranen, Winden, Bauaufzügen und sonstigen Hebezeugen,
- Pumpen, Gebläsen und Ventilatoren, um ein Rückwärtslaufen unter dem Druck des Fördermediums nach dem Abstellen zu verhindern,
- hydrodynamischen Drehmomentwandlern zur Abstützung des Leitrades bei Wandlerbetrieb,
- schaltbaren Planetengetrieben als Drehmomentabstützung.

In seiner Funktion als Überholkupplung unterbricht der Freilauf bei Wechsel der Kraftrichtung selbsttätig die Verbindung der gekuppelten Maschinenteile, z.B. bei

- Anlassern, wenn der Anwurfmotor vom Verbrennungsmotor getrennt werden muß, sobald dieser angesprungen ist,
- Mehrmotorantrieben können die nicht laufenden Motoren automatisch abgekuppelt werden,
- Windengetrieben wird ein kraftschlüssiges Senken der Last bei unveränderter Motordrehrichtung ermöglicht,
- Ventilatoren und Gebläsen können beim Abschalten die schnellaufenden Teile vom Antrieb getrennt werden, so daß die Schwungmasse des Ventilators den Antrieb nicht von rückwärts mitziehen kann.

Drehzahlbetätigte Kupplungen (Fliehkraftkupplungen)

Hierbei bewirkt die Fliehkraft als Funktion von der Drehfrequenz den Schalteffekt. Es werden sehr unterschiedliche Konstruktionsprinzipien angewandt. So gibt es Bauarten, bei denen die Fliehgewichte als Backen ausgebildet sind. Mit Hilfe von Federn werden diese Backen zunächst nach innen gehalten. Sobald die Drehzahl einen bestimmten Wert überschreitet, überwindet die Fliehkraft die Federkraft und preßt die Backen von innen gegen die Kupplungstrommel. Bei Drehzahlabfall holen die Zugfedern die Fliehgewichte wieder in die Ausgangsstellung zurück. Durch andere Einstellung der Federspannung kann der Leerlauf-Drehzahlbereich auf bequeme Weise verändert werden.

Eine einfache und robuste Bauart ist die **Füllstoff-Fliehkraftkupplung,** bei der die Fliehkraft mit geschmierten Stahlkugeln oder Stahlpulver erzeugt wird. Das Füllgut befindet sich zu gleichen Teilen in Kammern verteilt, die von den Schaufeln des antreibenden Innenkörpers gebildet werden. Die

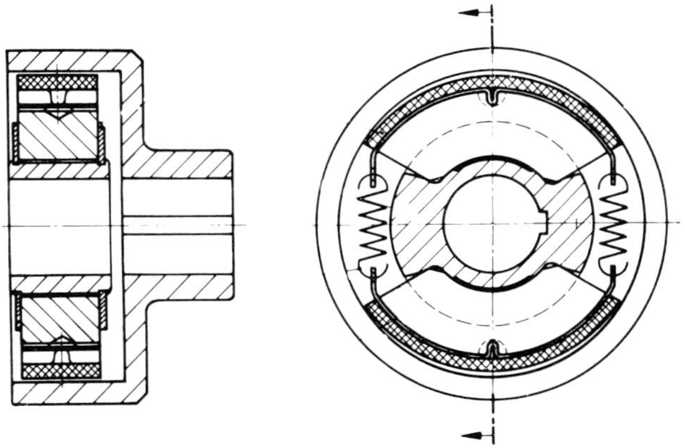

Bild 4.39 Fliehkraftkupplung mit backenförmigen Fliehgewichten (Suco) (Fa. Robert Scheufele & Co., Bissingen)

Kupplung erlaubt Schlupf im unteren Drehzahlbereich. Mit steigender Drehzahl wird die Füllung durch die Fliehkraft derart nach außen gegen die geriffelte Trommel gepreßt, daß diese durch Reibung schlupffrei mitgenommen wird.

Eine vielverwendete Bauart ist die **Klemmkörper-Fliehkraftkupplung.** Die Übertragungsglieder sind angefederte Klemmkörper, die sich bei einer bestimmten Drehzahl infolge der Fliehkraft aufrichten und sich zwischen Außen- und Innenring festklemmen und so das Drehmoment übertragen. Diese Kupplungen sind nur nach einer Drehrichtung hin wirksam und gehören somit auch zur Familie der Freiläufe. Daneben gibt es noch jene Ausführung,

Bild 4.40 Füllstoff-Fliehkraftkupplung

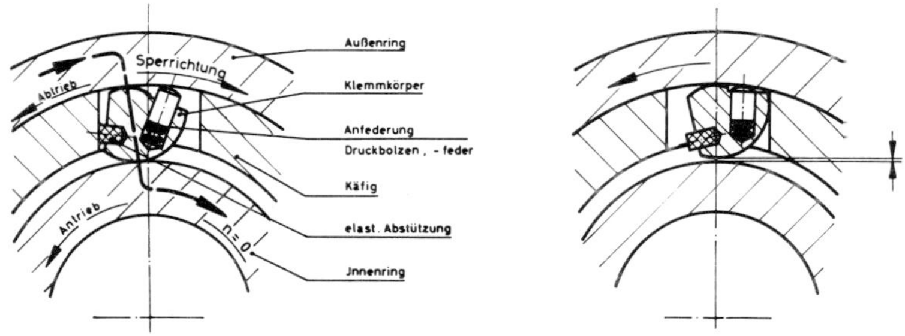

Bild 4.41 Funktionsprinzip einer Fliehkraftkupplung mit angefederten Klemmkörpern (Fa. Stieber & Nebelmeier, München)

die gerade umgekehrt wirkt. Die Klemmkörper sind so gestaltet, daß sie bei hoher Drehzahl abheben. Außen- und Innenring laufen berührungsfrei umeinander. Sobald aber die Drehzahl so stark abnimmt, daß die Wirkung der Fliehkraft auf die Klemmstücke weitgehend aufgehoben ist, kippen diese um und sperren somit den Freilauf.

Kupplungsautomaten

Diese selbsttätig arbeitenden Kupplungen dienen der Vereinfachung der Fahrzeugbedienung. Das Kupplungspedal entfällt. Grundsätzlich weisen Kupplungsautomaten neben der Schaltkupplung, die mechanisch, hydraulisch, pneumatisch oder elektrisch betätigt sein kann, eine zusätzliche Anfahrkupplung auf. Die Anfahrkupplung spricht entweder auf elektrische Impulse an, die durch Berühren des Schalthebels ausgelöst werden, oder auf die Fliehkraftwirkung von Rollengewichten bei entsprechenden Drehzahlen. Bei niedrigen Drehzahlen löst sich diese Kupplung von selbst. Um bei Bergabfahrten trotzdem eine Motorbremswirkung zu haben, ist ein Freilauf eingebaut, der durch sein Gesperre die Verbindung zwischen Kurbelwelle und Getriebe-Antriebswelle herstellt, sobald die Getriebewelle eine höhere Drehzahl als die Kurbelwelle annehmen will.

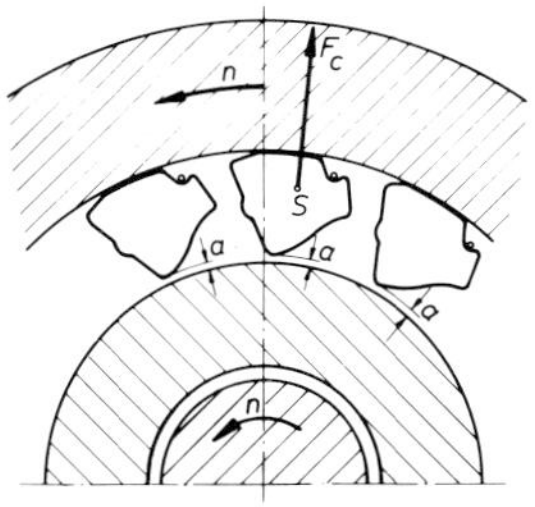

Bild 4.42 Fliehkraftabhebung bei umlaufendem Außenring (Ringspann A. Maurer KG, Bad Homburg)

4.2.2.2 Elektrodynamische Kupplungen

siehe Abschnitt 3.8 Elektrodynamische Getriebe

4.2.2.3 Hydrodynamische Kupplungen

Hydrodynamische Kupplungen, auch **Turbokupplungen** genannt, sind **Strömungskupplungen** nach dem Föttingerprinzip. Im Gegensatz zum Strömungswandler ermöglichen Strömungskupplungen keine Drehmomentwandlung. Es ist nur Drehzahlwandlung möglich bei veränderlichem Schlupf.

Die Kupplung besteht im wesentlichen nur aus 2 wirksamen Teilen, nämlich dem Pumpenrad (Primärrad) und dem Turbinenrad (Sekundärrad). In Bild 4.43 ist der Urzustand der hydrodynamischen Kraftübertragung

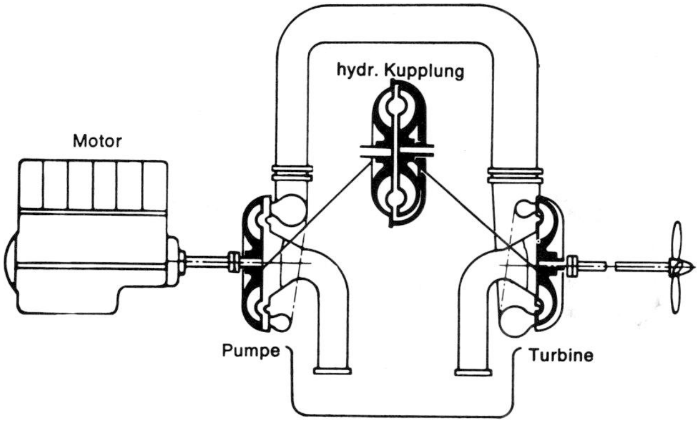

Bild 4.43 Funktionsprinzip einer hydrodynamischen Kupplung (Fa. Voith KG, Heidenheim)

Bild 4.44 Prallhammerbrecher mit Turbokupplungsantrieb (Fa. Voith KG, Heidenheim)

dargestellt in Form einer Kreiselpumpe und einer Turbine, verbunden durch eine Rohrleitung und durch ein gemeinsames Becken für die Betriebsflüssigkeit. Die Pumpe verbraucht die mechanische Energie des Motors und erzeugt kinetische Energie, welche wiederum in der Turbine verbraucht und in mechanische Energie rückgewandelt wird. Die geniale Idee Föttingers, alle vermeidbaren Verlustquellen wie Saugrohre, Spiralen und Rohrleitungen zu beseitigen, führte zu der in der Bildmitte gezeigten kompakten Bauform, bei der Pumpen- und Turbinenrad in eine gemeinsame Schale gehüllt sind. Das Drehmoment wird durch einen kreisenden Ölstrom in radial angeordneten Schaufelräumen von der Primär- zur Sekundärseite übertragen. Die Wirkungsweise der Kraftübertragung geht auf den Impulssatz von Newton zurück: Kraft = Masse x Beschleunigung. Es werden Massenkräfte einer Flüssigkeit zur Kraftübertragung benutzt. In der Pumpe erfolgt eine Beschleunigung, in der Turbine eine Verzögerung der Flüssigkeitsmasse. Die volle Funktion dieser Kupplung ist dadurch gegeben, daß zwischen dem treibenden und dem getriebenen Teil immer ein gewisser Schlupf vorhanden ist.

Das übertragene Drehmoment steigt mit dem Quadrat, die übertragbare Leistung mit der 3. Potenz der Antriebsdrehzahl. Strömungskupplungen erlauben daher einen nahezu entlasteten Motoranlauf mit sanfter Beschleunigung schwerster Massen. Die Belastungskennlinie für den Motor ist eine Ursprungsparabel.

Die Turbokupplung dämpft Stöße und Drehschwingungen besonders gut und wird daher vorteilhaft bei Antrieben mit Verbrennungsmotoren eingesetzt. Sie bietet einen sicheren Schutz für Motor, Maschine und Arbeitsgut bei Überlastung und Blockierung. Die Kraftübertragung ist verschleißfrei, da keine mechanische Berührung der übertragenden Elemente stattfindet.

Die verschiedenen Konstruktionen von Strömungskupplungen sind aus dem Bestreben entstanden, einen bestimmten Drehmomentverlauf über dem Schlupf zu erzielen. Man unterscheidet grundsätzlich zwei Hauptgruppen, die nicht steuerbaren oder regelbaren Strömungskupplungen, die hauptsächlich als Wellen- und Riemenscheibenkupplungen für Antriebe mit Elektromotor oder Brennkraftmaschine dienen und Stellkupplungen, die während des Betriebes beliebig zwischen voller Füllung und Entleerung verändert werden können. Bei der Stellkupplung ist die Übertragungsfähigkeit einstellbar und gestattet beim Fahren gegen die Lastkennlinie stufenlose (lastabhängige) Drehzahlregelung der Arbeitsmaschine.

Die Turbokupplung findet breite Anwendung in der Aufbereitungs- und Fördertechnik. Durch ihre Schlupffähigkeit eignet sie sich z.B. für Schaufelradbagger. Sie dämpft wirksam Belastungsstöße und schützt beim Auftreten großer Widerstände und bei Blockierungen gegen Überlastung. Auch an Zerkleinerungsmaschinen, Mischern und Sieben werden die Antriebselemente sehr stark beansprucht. Das Zusammenwirken von Kurzschlußläufermotor und Turbokupplung ist hier von großer wirtschaftlicher Bedeutung.

4.3 Literatur

[1] BRINKMANN, H. Schalvorgänge bei elektromagnetisch geschalteten Lamellenkupplungen. In: Maschine-Werkzeug 7/1963

[2] CORNELIUS, E. A. BEITZ, W. Bestimmung der Kenngrößen drehelastischer Kupplungen. In: Konstruktion 11/1961, S. 417

[3] DARENBERG, D. Die Auslegung von Schaltkupplungen. In: Maschinenmarkt 10/1966

[4] DARENBERG, D. KRELLMANN, H. RÜGGEN, W. Das Verhalten einer elastischen Kupplung mit linearer Kennlinie bei hohen Stoßdrehmomenten. In: Industrie-Anzeiger 1970, Nr. 54, S. 1270

[5] DARENBERG, D. KRELLMANN, H. RÜGGEN, W. Das Verhalten einer elastischen Kupplung mit linearer Kennlinie bei hohen Wechseldrehmomenten. In: Industrie-Anzeiger 1970, H. 107 S. 2582 und 1971, H. 17, S. 353

[6] DARENBERG, D. KRELLMANN, H. RÜGGEN, W. Kennwerte einer hochelastischen Kupplung, ihre Bedeutung und ihr Verhalten. In: Klepzig Fachberichte, 12/1973, S. 517

[7] DARENBERG, D. RÜGGEN, W. Elastische Scheibenkupplung. In: antriebstechnik (ant) 6/1979, S. 287

[8] DITTRICH, O. Wirkung der Kupplung beim Anfahren mit Elektromotoren. In: Antriebstechnik 4/1972

[9] ERNST, L. Elektrische Antriebe mit Induktionskupplungen und Regelantrieben. In: Werkstatt und Betrieb 11/1969

[10] ERNST, L. KRELLMANN, H. RÜGGEN, W. Eine neue, hydraulisch geschaltete Lamellenkupplung. In: Industrie-Anzeiger 1973, H. 26, und 1973, H. 36

[11] ERNST, L. RÜGGEN, W. Der Einfluß von Wärme auf das Verhalten von Kupplungen mit gummielastischen Elementen. In: "neue" Fachbereichte 5/1975

[12] ERNST, L. und KORTE, W. Elektrische Antriebe mit stufenlos regelbaren Wirbelstromkupplungen. In: Antriebstechnik 5/1975

[13] GRIMPE, K. Drehmomentbegrenzung als Überlastschutz im Schwermaschinenbetrieb. In: Antriebstechnik 7/1976

[14] KRAUS, H. Entwicklungstendenzen heutiger Kfz-Kupplungen. In: Automobiltechnische Zeitschrift ATZ 9/1969

[15] KUGEL, F. Hydrodynamische Kraftübertragung. – Wiesbaden: Krausskopf 1962 (Schriftenreihe von oelhydraulik und pneumatik, Band 3)

[16] LAUFER, K. Getriebetechnik bei Baumaschinen. In: Baumaschine und Bautechnik BMT 3 und 4/1978

[17] NITSCHE, C. Die Schaltvorgänge bei Elektromagnet-Lamellenkupplungen und ihre Beeinflussung durch Formgebung der Lamellen. In: Konstruktion 8/1955, S. 287

[18] NITSCHE, C. Die Einsatzmöglichkeiten von hochelastischen Kupplungen, dargestellt am Beispiel der Periflex-Kupplungen. In: Antriebstechnik 2/1969

[19] OGRODOWSKI, U. Die Magnetpulverkupplung – Funktion und Anwendung. In: asv. digest für angewandte Antriebstechnik 11/1976, S. 27

[20] REHDANZ, R. Lamellen-Elemente zur Drehmomentübertragung. In: Antriebstechnik 8/1975

[21] RÜGGEN, W. – STÜBNER, K. Elektromagnetisch geschaltete Lamellenkupplungen. In: Klepzig Fachberichte 3/1971

[22] RÜGGEN, W. – STÜBNER, K. Sicherheit im Maschinenbau durch Präzisionskupplungen und Überlastsicherungen. In: Werkstatt und Betrieb 6/1961, S. 309

[23] RÜGGEN, W. – STÜBNER, K. Fliehkraftkupplungen. In: Ingenieurdienst 9/1970, H. 12

[24] RÜGGEN, W. – STÜBNER, K. Momentgeschaltete Kupplungen. In: Klepzig Fachberichte 6/1972, S. 277

[25] SCHACH, W. Berechnung einer biegeelastischen und einer drehelastischen Gummikupplung. In: Industrie-Anzeiger 1959, H. 8

[26] SCHEID, W. Lamellenkupplungen in Bau- und Erdbewegungsmaschinen. In: deutsche hebe- und fördertechnik 2/1962

[27] SCHEID, W. Einbau hydraulisch betätigter Lamellenkupplungen und -bremsen in Verbindung mit Hydromotoren. In: Industrie-Anzeiger 9/1971, H. 80/81

[28] SIEGMÜLLER, W. Bemessung und Auslegung von Reibungskupplungen. In: die maschine, 4/1977

5 Bremsen

5.1 Allgemeines

Keine Einrichtung an Baumaschinen genießt soviel Beachtung wie die Bremse. Gesetzgeber, Hersteller und Nutzer von Fahr- und Hebezeugen bemühen sich, in ihren Verordnungen, Richtlinien oder Anweisungen besonders exakte Angaben über die Auslegung, Unterhaltung und Bedienung der Bremse zu machen.

Bremsen dienen zum Festhalten, Abstoppen oder Steuern einer Bewegung. Dabei wird kinetische Energie in Wärme umgewandelt. Der die Bewegungsenergie vernichtende Widerstand wird entweder durch äußere Reibung oder elektrischen Strom oder durch innere Reibung einer Flüssigkeit erzeugt. Die technische Bemessung der Bremsen richtet sich nach der Betriebsart, gekennzeichnet durch Last und Bremszeit, nach der zulässigen Erwärmung und nach der geforderten Lebensdauer.

Bremsen sind außerordentlich wichtige Maschinenorgane, da sie den störungsfreien Betrieb, vor allem aber die Sicherheit der betroffenen Menschen garantieren müssen. Bremsen haben daher besonders strengen Sicherheitsansprüchen zu genügen. Wenn auch mit den bekannten und bewährten Bauarten und Systemen den geltenden Sicherheitsforderungen entsprochen wird, so ruht die technische Entwicklung dennoch nicht, um Gutes durch noch Besseres zu ersetzen.

Die Bremstechnik ist auf allen Gebieten der Maschinentechnik vertreten. Bei Baumaschinen ist die klassische Anwendung bei allen Arten von Nutzfahrzeugen zu finden. Allgemein sind für Fahrzeuge, die schneller als 20 km/h fahren, zwei voneinander unabhängige Bremsanlagen vorgeschrieben: eine Betriebsbremsanlage, auf alle Räder des Fahrzeugs wirkend und in der Regel durch den Fuß betätigt, sowie eine Feststellbremsanlage, mindestens auf zwei Räder arbeitend.

Nicht nur das Bremsen von Fahrbewegungen, auch das Lenken mit Kupplung und Bremse wird heute noch bei den meisten Kettenfahrzeugen angewendet. Durch eine jeder Laufwerksseite zugeordnete Lenkeinrichtung, die aus einer Kupplung und einer **Band-** oder **Lamellenbremse** besteht, kann jedes Kettenrad nicht nur ausgekuppelt, sondern zusätzlich noch gebremst werden.

Betriebsbremsen bei Hebezeugen erfordern meist eine feine Regulierbarkeit, um die Lasten genau zu positionieren. Darüber hinaus sind automatische Betätigungsvorrichtungen eingebaut, um Bedienungsfehler zu kompensieren.

Die hohen Anforderungen an die Leistungsfähigkeit von Fahrzeugbremsen kann man sich an folgendem praktischem Beispiel klarmachen:

Ein vollbeladener Schürfzug mit 66 Tonnen, der einen 10%igen Hang mit einer Geschwindigkeit von 45 km/h hinunterfährt, würde beim Abbremsen zum Stillstand eine Wärmemenge von ca. 5800 kcal = 24.300 kJ freisetzen.

Damit könnte man 72 kg Eis schmelzen bzw. die gleiche Menge Wasser von 20 °C zum Kochen bringen. Wenn der Schürfzug nach 15 Sekunden anhält, entspricht das einer Bremsleistung von etwa 1600 kW. Dabei ist dieser gewaltige Energieumsatz nur an einem einzigen Bremsvorgang betrachtet. Es ist jedoch nicht die Wärme des plötzlichen Anhaltens, die die Radbremsen und Reifen verbrennt und zerstört, sondern es ist die Wärme des ständigen Bremsens, die den wirklichen Schaden verursacht.

Die vielen Ausführungsformen von Bremsen lassen sich alle auf drei Grundarten zurückführen. Das sind **die mechanischen Reibungsbremsen, die Strömungsbremsen** und **die elektrodynamischen Bremsen.**

5.2 Mechanische Reibungsbremsen

Reibungsbremsen sind in ihrem Aufbau dem der schaltbaren Kupplungen sehr ähnlich. Auch die Bemessungsgrundlagen entsprechen einander, da es sich um Reibungssysteme handelt. Statt der Beschleunigungszeit ist die Bremszeit und statt des Beschleunigungsmomentes ist das Verzögerungsmoment zu setzen. Die zulässige Belastung der Reibelemente ist neben der Festigkeit begrenzt.

Die Bremsbetätigung geschieht entweder mechanisch, hydraulisch, elektromagnetisch, durch Druckluft oder durch Kombination dieser Methoden. Ziel der verschiedenen Systeme ist es, mit einer Hebelbewegung die mitunter großen Bremskräfte aufzubringen. Bei Kettengeräten findet man noch die einfache mechanische Bremsanlage, bei der die Bewegung des Fahrerfußes auf das Bremspedal über ein Gestänge direkt auf die Bremse wirkt.

Bei älteren Radgeräten ist noch die einfache **Öldruckbremse** vertreten. Hier wird die Pedalkraft durch den Öldruck in Hydraulikleitungen zu den Bremsen geleitet. Wenn die Fußkraft des Fahrers nicht mehr ausreicht, um genügend Bremswirkung zu erzielen, müssen bei mittelschweren und schweren Geräten Hilfskräfte eingesetzt werden, die entweder die vom Fuß erzeugte Bremskraft erhöhen (Hilfskraftbremsanlagen) oder die allein die erforderlichen Bremskräfte erzeugen (Fremdkraftbremsanlagen). Bei letzteren dient die Fußkraft nur noch zum Steuern der meist durch Vakuum oder Druckluft aufgebrachten Bremskräfte. Sowohl bei Hilfskraft- als auch bei Fremdkraftbremsanlagen bestimmt der Fahrer durch schwächeres oder stärkeres Treten die Höhe der Bremswirkung. Auch für die Feststellbremsanlage schwerer Geräte werden vielfach Hilfskräfte verwendet.

Zur Erhöhung der Sicherheit steuert die Entwicklung bei der Betriebsbremsanlage, insbesondere bei schweren Erdbewegungsgeräten, auf Trennung in zwei voneinander unabhängige Bremskreise zu. Bei Ausfall eines Kreises kann das Gerät noch mit dem zweiten Kreis gebremst werden. Sog. Sicherheitsbremsen genügen erhöhten Sicherheitsforderungen. Es sind selbsttätig wirkende Bremsen, die bei jedem in der Praxis vorkommenden Defekt sofort ansprechen.

Bei Fahrzeugen hat sich die **Druckluftbremse** durchgesetzt, da sie sehr betriebssicher und kostengünstig in bezug auf Wartung und Reparatur ist. Der Bremszylinder der Druckluftbremse ist häufig mit einem Federspeicher ausgerüstet, der die Bremse so lange geschlossen hält, bis ein Mindestdruck erreicht ist. Entsprechend zieht die Bremse während der Fahrt automatisch an, wenn der Luftdruck in der Bremsanlage plötzlich abfällt, so daß der Fahrer bei einem unvorhergesehenen Ausfall die Maschine sicher zum Stehen bringen kann (Bild 5.1).

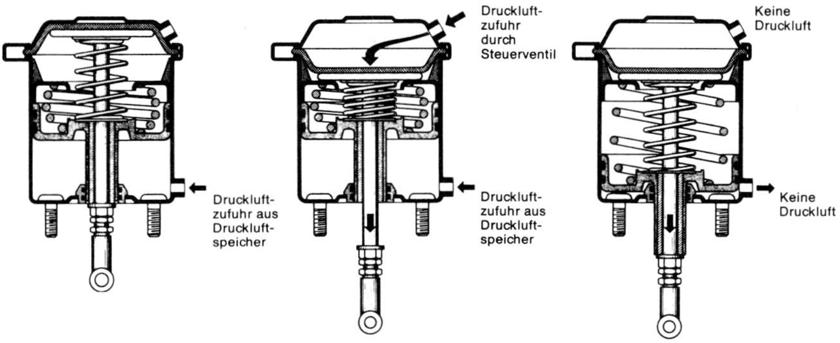

Bild 5.1 Bremszylinder mit Federspeicher a) Bremse geöffnet, Druckluftspeicher gefüllt b) Normalbremsung, Druckluftspeicher gefüllt c) Federspeicherbremsung, Druckluftspeicher leer (Zeppelin Metallwerke GmbH)

5.2.1 Backenbremsen

Die Backenbremse dürfte in ihrer Form als **Außenbackenbremse** wohl die älteste Bauart überhaupt sein. Der einfachste Fall ist der, daß eine einzelne Backe mit Hebelwirkung unmittelbar gegen das abzubremsende Rad gedrückt wird, wie das jedemann bei Pferdefuhrwerken oder Eisenbahnwagen schon gesehen hat. Bemerkenswert ist, daß die Bremswirkung für verschiedene Drehrichtungen unterschiedlich ist (Bild 5.2).

Weit größere Bremswirkung zeigt die sog. **Doppelbackenbremse** (Bild 5.3). Sie ist für beide Drehrichtungen gleichermaßen geeignet. Auch ist ein feinfühliges Bremsen möglich. Zur Erhöhung der Bremswirkung werden die Backen häufig mit einem Bremsbelag versehen, der aufgenietet oder aufgeklebt wird. Die Anpressung der Backen ist über die ganze Verschleißzeit der Beläge völlig gleichbleibend. Daher ist ein stets gleichbleibendes Bremsmoment und gleichbleibende Beanspruchung für Scheibe und Belag sichergestellt. Doppelbackenbremsen vermeiden den Nachteil einer in beiden Drehrichtungen biegebeanspruchten Welle und einer ungleichmäßigen Belastung der Bremsbacken. Sie werden durch Gewichte oder Federn belastet und elektromagnetisch oder hydraulisch gelüftet. Alle Teile sind gut zugänglich

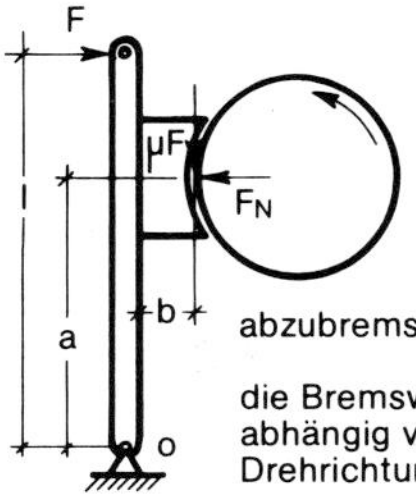

$$\circlearrowleft \quad \Sigma M_o = F \cdot l - F_N \cdot a + \mu \cdot F_N \cdot c$$

$$\circlearrowright \quad \Sigma M_o = F \cdot l - F_N \cdot a - \mu \cdot F_N \cdot c$$

Bild 5.2 Einbackenbremse mit drehrichtungs-unterschiedlicher Bremswirkung (Laufer)

Bild 5.3 Doppelbackenbremse für Krane, Bagger und Aufzüge mit elektrohydraulischem "Drölgerät" zum Lüften und Schließen (Fa. GENSEL-Kranantriebe KG, Bielefeld-Heepen)

und auf maximale Gebrauchsdauer ausgelegt. Die hohe Betriebssicherheit durch einfache, robuste Konstruktion, die gute Kühlwirkung der außenliegenden Backen und das exakte ermüdungsfreie Arbeiten machen diese Bremse geeignet für den Einbau in Hebezeuge, besonders für Fahr- und Drehwerke bei Kranen. Sollen große Kranlasten schnell und genau geführt werden, wird die Senkbremsschaltung des Hubwerkes vorteilhaft noch durch ein oder zwei Gegenstromstufen ergänzt, die die sinkende Last so stark verzögern, daß sie durch die mechanische Haltebremse auf kurzem Bremsweg stoßfrei abgefangen werden kann. Diese Gegenstrombremsung empfiehlt sich bei allen Triebwerken zur Entlastung der mechanischen Bremse im Falle großer Hubhöhen und Arbeitsgeschwindigkeiten bzw. großer Spielzahl.

Um Verschmutzungen der Bremsbacken zu vermeiden, werden Backenbremsen auch als **Innenbacken-Bremsen** gebaut. Sie bestehen aus der mit der Welle umlaufenden Bremstrommel – daher auch die vielfach verwendete Bezeichnung **Trommel-Bremse** – und den an dem feststehenden Bremsträger befestigten Bremsbacken (Bild 5.4).

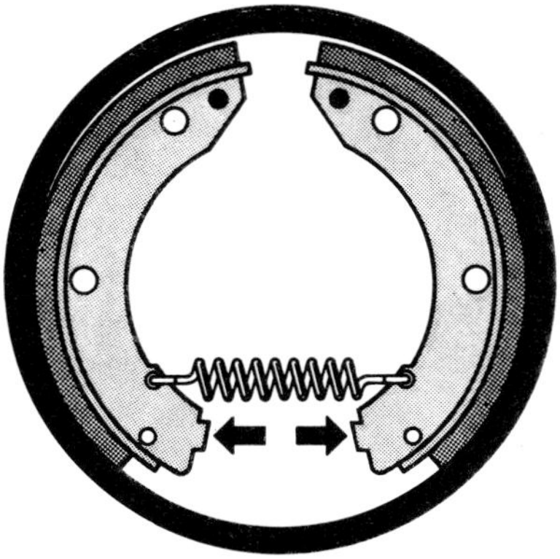

Bild 5.4 Innenbacken-Trommelbremse (Zeppelin Metallwerke GmbH)

Bremstrommel und Bremsträger umschließen die Einzelteile und schützen sie vor Verschmutzung. Nachteilig ist die schlechte Wärmeabfuhr. Die Erwärmung der Bremstrommel ist nach starken Bremsungen deutlich fühlbar. Damit eine möglichst große Wärmemenge in kurzer Zeit abgestrahlt werden kann, müssen die Bremstrommeln große äußere Flächen haben und an solchen Stellen eingeordnet sein, an denen die Luft gut zutreten kann. Wird die Bremstrommel zu heiß, so dehnt sie sich zu stark aus, die Bremsbacken können sich wegen des begrenzten Weges im Druckzylinder nicht mehr so fest an deren Innenseite anpressen. Außerdem nimmt die Bremswirkung des Bremsbelages bei höherer Temperatur ab, da die entstehende Reibungskraft bei Erwärmung abnimmt. So wird durch schlechte Wärmeabfuhr die Wirksamkeit der Bremse stark herabgesetzt.

Die beweglichen Innenbacken werden entweder von einer Nocke oder einem Druckluftzylinder oder einem Hydraulikzylinder gespreizt und durch eine Feder wieder zusammengezogen. Die verschiedenen Bauarten, die unterschiedlichen Anforderungen beim Bremsen genügen, sind bekannt unter den Namen **SIMPLEX-, DUPLEX-, DUO-DUPLEX- und SERVO-Bremse.**

Trommelbremsen sind derzeit noch die gebräuchlichste Bremsenart bei Radgeräten. Früher wurde die Bremskraft mechanisch mit Gestänge und Seilzug übertragen, heute dagegen ausschließlich hydraulisch mit Öldruck bei den kleinen und mittleren Geräten und pneumatisch bei den ganz großen. In schweren Geräten werden zum Teil auch sog. **Schlauch-Trommel-Bremsen** verwendet. Hier entstehen die Bremskräfte zwischen Bremsblöcken mit Bremsbelägen, die auf einem Expanderschlauch angeordnet sind (Bild 5.6 und 5.7).

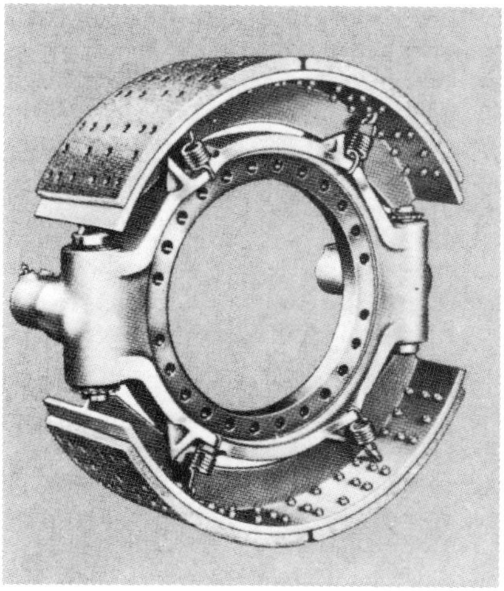

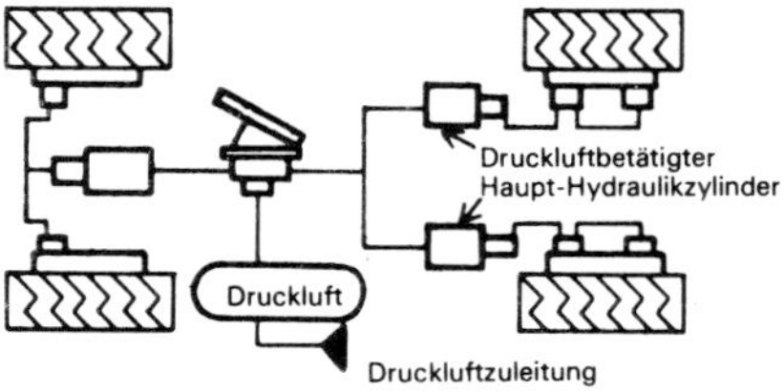

Bild 5.5 Trommelbremse und Anordnung einer Druckluftbetätigung (Laufer)

Bild 5.6 Prinzip einer Schlauch-Trommelbremse (Zeppelin Metallwerke GmbH)

Bild 5.7 Selbstnachstellende Schlauchbremse für den Caterpillar-Radlader 988 (Werkfoto Zeppelin Metallwerke GmbH)

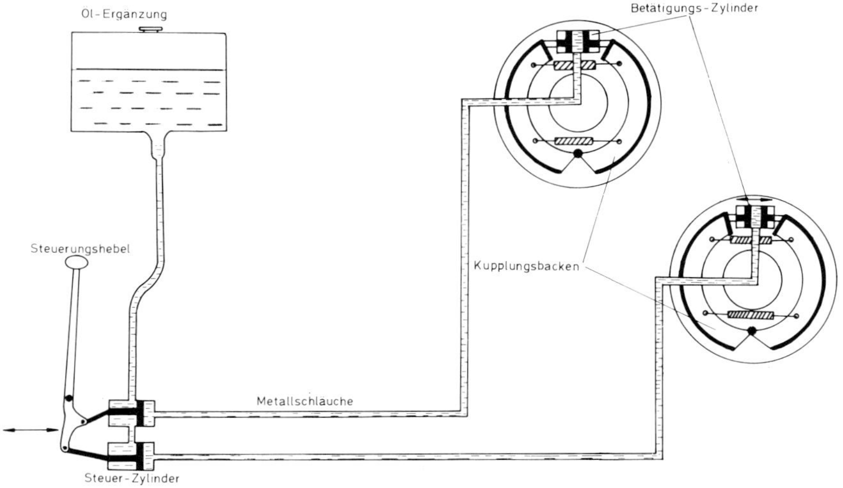

Bild 5.8 Hydraulische Steuerung von Kupplung und Bremse eines Universalbaggers (Laufer)

Dieser Expanderschlauch stützt sich nach innen gegen eine sich nicht drehende Felge ab. Wird nun der Schlauch mit Öl gefüllt, so dehnt er sich aus, die Bremsklötze werden an die Trommel gepreßt und Reibungskräfte bremsen das Gerät ab. Wird der Schlauch entleert, bringen Federn die Bremsklötze wieder in die ursprüngliche Lage zurück. Diese Bremse braucht aufgrund ihrer Konstruktion nicht nachgestellt zu werden. Der Druck auf die Bremsblöcke ist über den ganzen Umfang gleichmäßig und wird vom Fahrer mit dem Fußpedal genau dosiert.

Trommelbremsen werden auch häufig bei Baggern eingebaut. Der Steuerhebel drückt gemäß Bild 5.8 mit großer Übersetzung auf den Steuerkolben. Der erzeugte Druck pflanzt sich augenblicklich auf den Betätigungskolben an der Bremse oder der Kupplung fort. Die Steuerflüssigkeit ergänzt sich selbsttätig aus einem höher gelegenen Tank.

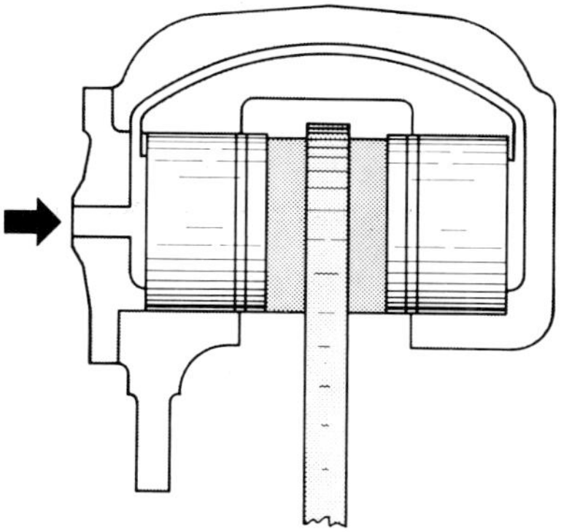

Bild 5.9 Prinzip einer Scheibenbremse (Zeppelin Metallwerke GmbH)

5.2.2 Scheibenbremsen

Eine in ihrem Konzept völlig andere Bremse ist die Scheibenbremse. Sie wurde vor mehr als 50 Jahren erstmalig in Serienfahrzeugen verwendet. Ihre große Bedeutung bei luftbereiften Fahrzeugen hat sie erst in letzter Zeit erlangt. Auch hier gibt es mehrere Bauarten.

Bei der **Zangen-Bremse** (Bild 5.10) entstehen die Reibungskräfte zwischen einer sich mit der Welle mitdrehenden Bremsscheibe und zwei zangenartig angeordneten Bremskolben, die mit Bremsbelägen versehen sind. Die Bremskolben werden in feststehenden Bremssätteln geführt. Die Bremsscheibe läuft zum größten Teil außerhalb der Beläge (**Teilscheiben-Bremse**) und wird daher hervorragend gekühlt. Durch ihre offene Bauart wirken diese Bremsen im Betrieb gleichbleibend gut, weil die entstehende Wärme durch die Luft schnell abgeführt wird. Außerdem weist die Scheibenbremse gegenüber der Innenbackenbremse einen größeren Wirkungsgrad auf und ist erheblich leichter zu warten.

Bild 5.10 Festsattel-Scheibenbremse (Laufer)

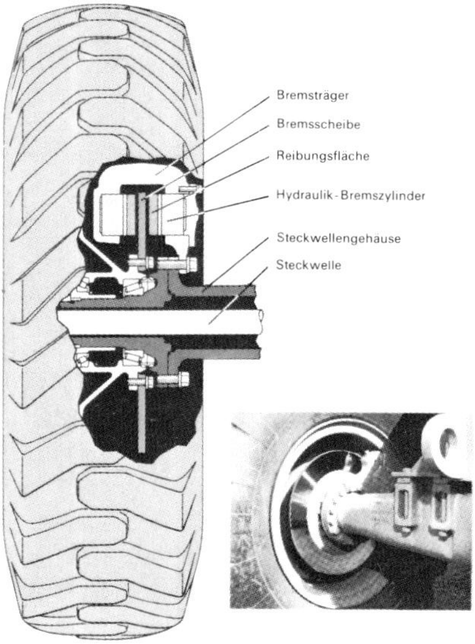

Bild 5.11 Hydraulik-Scheibenbremse mit Druckluftbetätigung bei einem Caterpillar-Radlader Typ 930.

Bei der sog. **Vollscheiben-Bremse** werden drehstarre Scheiben von innen axial gegen ein umlaufendes Gehäuse gespreizt, das entweder am Fahrzeugkörper oder in dem Differentialgehäuse auf den Halbachsen angeordnet ist. Die entstehende Wärme muß dabei von innen her genau wie bei der Trommelbremse durch das Gehäuse hindurch nach außen transportiert werden. Man unterscheidet trockene Ausführungen und solche, die im Ölbad laufen. Bei mehreren Scheibenpaarungen spricht man von **Mehrscheiben-** oder **Lamellen-Bremsen.** Diese laufen immer im Ölbad. Es sind die typischen Lenkbremsen für Kettenfahrzeuge (Bild 5.12). Die eine Hälfte der Bremsscheiben ist mit dem sich drehenden Teil der Bremse verbunden, die andere Hälfte mit dem stehenden Teil. Bei einer Bremsung wird das Paket aus Stahl und Sintermetallscheiben zusammengedrückt.

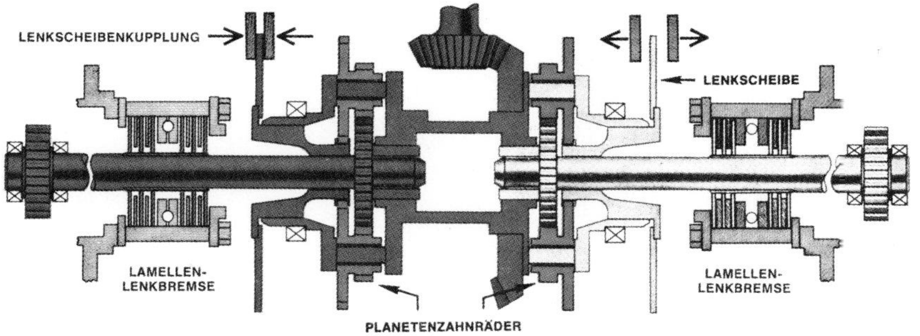

Bild 5.12 Planetengetriebe eines Kettenladers mit Lamellen-Lenkbremsen (Fa. International Harvester Company mbH, Neuss/Rhein)

5.2.3 Bandbremse

Eine besonders wirksame Bremse hinsichtlich der Bedienungsarbeit ist die Bandbremse. Sie wird hauptsächlich verwendet bei Hebezeugen, Baggern und Straßenwalzen. Ein mit einem Bremsbelag bewährtes Stahlband wird über die abzubremsende Trommel gelegt und angezogen. Es gelten die gleichen Beziehungen wie beim Riementrieb. Die Kraft am angezogenen Band ist immer die größere.

$F_{S1} = F_{S2}\, e^{\mu a}$ wobei F_{S1} = Zugkraft am auflaufenden Band

F_{S2} = Zugkraft am ablaufenden Band

a = Umschlingungswinkel

μ = Reibungsbeiwert

Man unterscheidet zwischen **einfacher-**, **Differential-** und **Summen-Bandbremse** (Bild 5.13). Nachteilig ist die drehsinnabhängige Bremswirkung, da

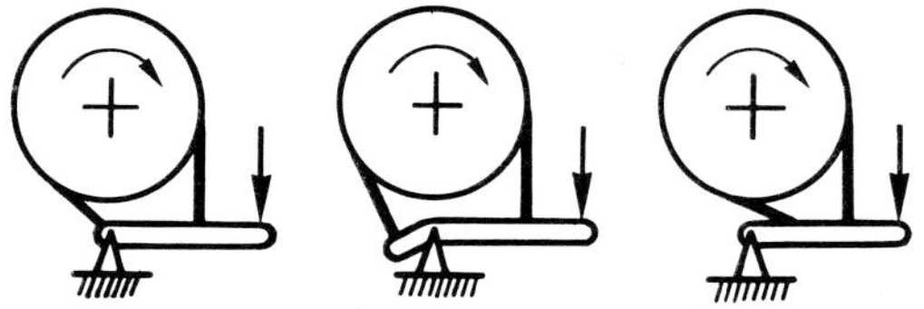

Bild 5.13 Bauarten von Bandbremsen (Laufer)

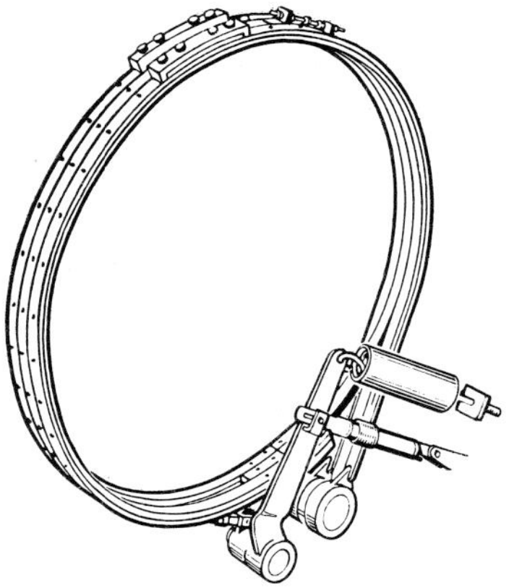

Bild 5.14 Schlingbandbremse mit Umschlingungswinkel von 650° (DEMAG AG, Düsseldorf)

Bild 5.15 Innenbandbremse für die Hubtrommel eines Seilbaggers (Rheinstahl Union Brückenbau AG, Dortmund)

bei entgegengesetzter Drehrichtung die Bandkräfte vertauscht werden. Eine Ausnahme bildet die Summen-Bandbremse mit ihrem Wiegearm, wenn die Hebellängen der angreifenden Bandkräfte gleich lang sind.

Bei der **Differentialbremse** kann die Bremskraft beliebig klein gemacht werden. Die sog. **Schling-Bandbremse** findet wegen ihrer enormen Wirksamkeit breite Anwendung im Baggerbau. Bei ihr wird zur Vergrößerung der Reibung das Bremsband 1,5 bis 2,5 mal herumgeschlungen (Bild 5.14).

Eine weitere Bauart ist die **Innen-Bandbremse**, bei der das Band von innen gegen die Trommel gespreizt wird (Bild 5.15).

Die Wartung erstreckt sich auf das Nach- und Einstellen des mechanischen Bereichs, auf das sorgfältige Reinigen der Bremstrommel sowie das Überprüfen des Bremsbelages, der beim Wechseln nie auf das gestreckte Band, sondern immer auf das gerundete Band aufgebracht werden muß.

5.3 Staudruckbremsen als Motorbremsen

Die Staudruckbremse ist die älteste verschleißlose Bremseinrichtung und ist als Dauerbremse für Lastkraftwagen gedacht. Die Bremswirkung besteht darin, daß die Abgasleitung mit einer Drosselklappe geschlossen wird bei gleichzeitiger Unterbrechung der Kraftstoffzufuhr. Der Motor kann somit die eingesaugte Luft nicht mehr auf dem üblichen Wege ausstoßen. Es baut sich ein Gegendruck zwischen Motorbremse und Zylinder auf. Der Motor arbeitet als Kompressor (Bild 5.16). Bei längeren Gefällstrecken ist die durch die Energieumwandlung während des Bremsvorgangs anfallende Wärme sehr erwünscht. Sie verhindert das übermäßige Abkühlen des Kühlwasserkreislaufs bzw. des Motors.

Die Geräuschentwicklung ist zwar bei eingeschalteter Motorbremse erheblich, es zeichnen sich jedoch Lösungen ab, diese unangenehme Erscheinung zu mindern.

Bezogen auf den relativ einfachen technischen Aufwand der Staudruckbremse ist die Bremswirkung verglichen mit anderen Dauerbremseinrichtungen sehr beachtlich. Es ist hierbei besonders zu berücksichtigen, daß alle

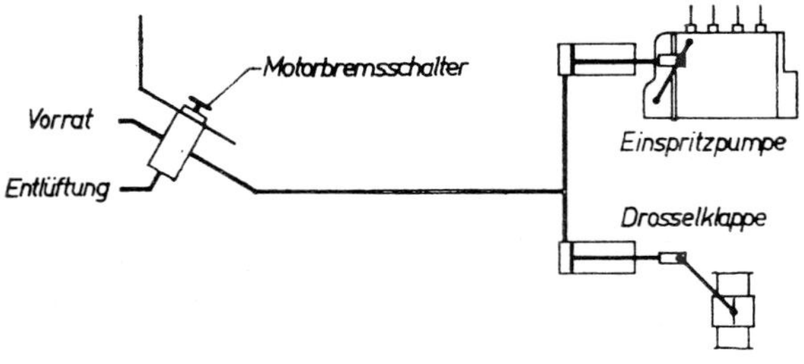

Bild 5.16 Betätigungssystem einer Staudruckbremse (nach Becker)

durch die Bremswirkung in Anspruch genommenen Teile wie Getriebe, Gelenkwellen, Hinterachsantriebe und Bereifungen außerordentlich geschont werden.

5.4 Flüssigkeitsbremsen

Die Flüssigkeitsbremse hat in den letzten Jahren für Erdbewegungsmaschinen zunehmend an Bedeutung gewonnen. Ursprünglich war sie für den Schienen-

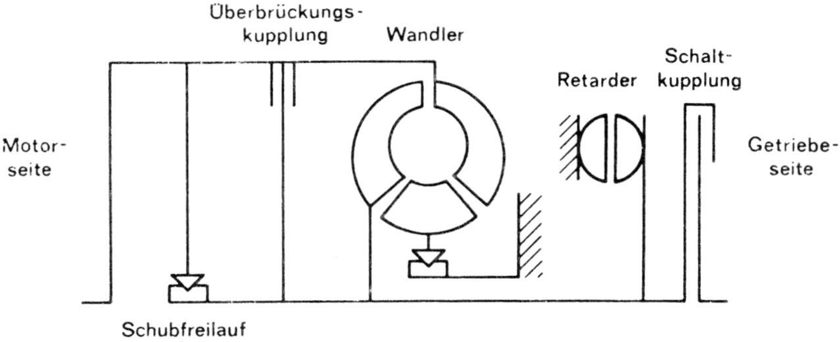

Bild 5.17 Schematischer Aufbau einer Wandler-Schaltkupplung mit Retarder (Zahnradfabrik Friedrichshafen AG)

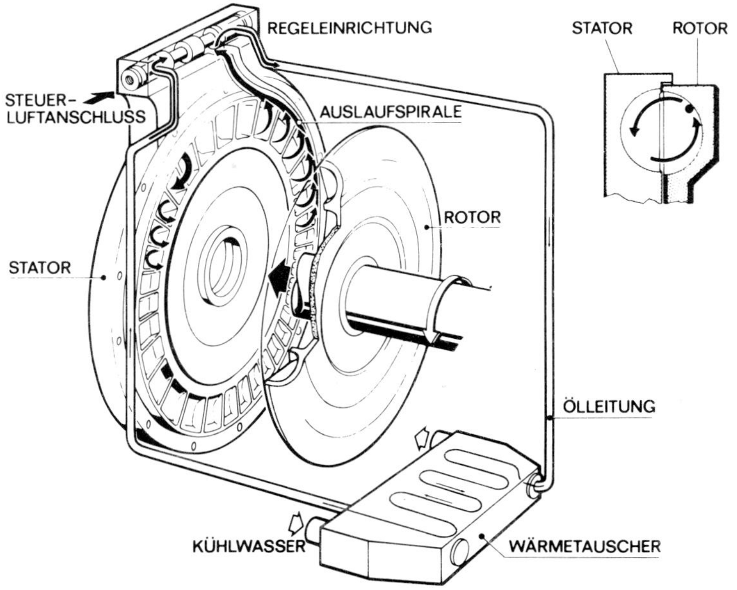

Bild 5.18 Hauptbauteile des Retarders mit Steuerungseinrichtung (Zahnradfabrik Friedrichshafen AG)

verkehr entwickelt worden. Im Jahre 1961 wurden dieselhydraulische Lokomotiven in den USA mit Strömungsbremsen ausgestattet, um schwere Güterzüge – Zuglängen bis 2.000 m, Zuggewicht bis zu 10.000 Tonnen – bei der Überquerung der Rocky-Mountains auf den Gefällstrecken von rund 3% allein mit solchen verschleißlosen und ermüdungsfreien Bremsen zu halten.

In unseren Nutzfahrzeugen dient die Flüssigkeitsbremse (**Retarder**) als dritte Bremse zur wesentlichen Entlastung der Betriebsbremse und verlängert deren Lebensdauer um das Drei- bis Sechsfache. Da die Flüssigkeitsbremse, anders als die Betriebsbremse, die Maschine nicht vollständig abbremsen kann, muß der Bedarf beim Abwärtsfahren bzw. beim Einhalten einer konstanten Geschwindigkeit vorausgesehen werden. Trotzdem kann bei 80 – 90% aller notwendigen Bremsungen die Strömungsbremse benutzt werden, so daß nur bei Notbremsungen oder zum völligen Stillstand des Fahrzeugs die Betriebsbremse notwendig ist. Bei langen Gefällstrecken ist es zudem beruhigend, eine völlig kalte und damit voll leistungsfähige Betriebsbremse im Fahrzeug zu wissen. Die hydrodynamische Dauerbremse ist zwischen dem Drehmomentwandler und der Schaltkupplung angeordnet (Bild 5.17).

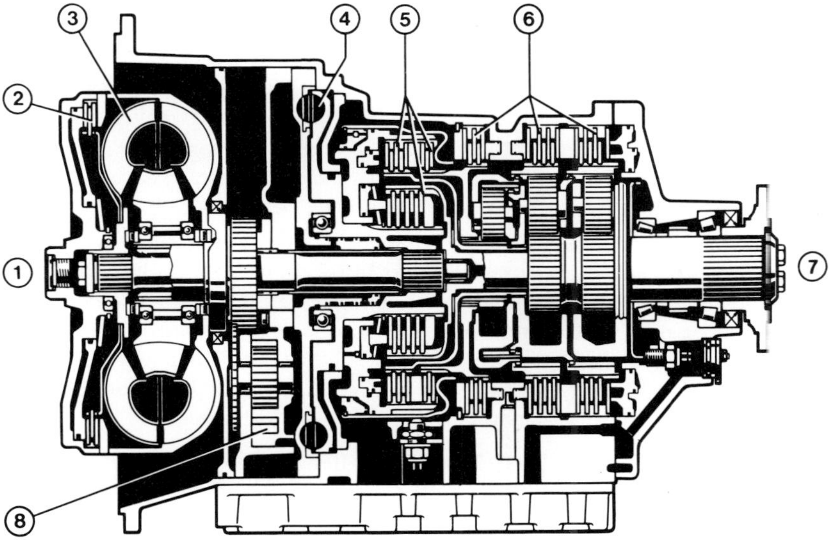

1 Antrieb
2 Überbrückungskupplung (ÜK)
3 Wandler
4 Retarder
5 Kupplungen (A, B, C)
6 Bremsen (D,E,F)
7 Abtrieb
8 Ölpumpe

In den Anfahrgängen (1, 2 u. R) ist der Wandler bis zum Schließen der Überbrückungskupplung in Funktion

Bild 5.19 Schnittbild eines automatischen Getriebes mit integriertem Retarder (Fa. Zahnradfabrik Friedrichshafen AG, Friedrichshafen)

Der Retarder besteht in seinen Hauptbauteilen aus einem Rotor und einem Stator, beide als Schaufelrad ausgebildet, sowie aus den für die Steuerung erforderlichen pneumatischen bzw. hydraulischen Ventilen (Bild 5.18). Ölseitig ist der Retarder an den Wandler angeschlossen (Bild 5.19). Beim Bremsvorgang wird über ein hand- oder fußbetätigtes Steuerventil der Ölstrom in den Retarderkreislauf freigegeben. Die Bremsleistung wird verschleißfrei durch Ölverwirbelung erzeugt. Bei höheren Drehzahlen ist die Bremswirkung am wirkungsvollsten. Daher sollte der Motor beim Bremsen auf hoher Arbeitsdrehzahl gehalten werden. Die im Ölstrom stattfindende innere Reibung wird in Wärme umgesetzt und bei wassergekühlten Motoren über den Wärmetauscher an das Kühlwasser bzw. bei luftgekühlten Motoren an die Kühlluft abgegeben. Unterschiedliche Füllungsgrade des Strömungskreislaufes ergeben unterschiedliche Bremswirkung auf das Fahrzeug. Über das Steuerventil kann die Bremswirkung vom Maximalwert bis Null gesteuert werden.

5.5 Elektrodynamische Bremsen

Diese Bremsen sind nicht zu verwechseln mit den elektromagnetisch betätigten Bremsen, die aber im übrigen rein mechanisch wirkende Reibungsbremsen sind. Das sind Sicherheitsbremsen, die durch die Kraft einzelner Druckfedern oder durch Gewichte angezogen werden. Das Lüften geschieht durch die Wirkung einer von Strom durchflossenen Spule auf einen Eisenkern (Bremsmagnet). Solche Bremsen werden häufig in Kombination mit dem elektrischen Antrieb als kompletter Bausatz verwendet und sind als sog. **Bremsmotoren** in standardisierten Größen auf dem Markt erhältlich.

Bei den rein elektrisch wirkenden Bremsen unterscheidet man **Generator-**, **Gegenstrom-** und **Wirbelstrom-Bremsen.** Alle drei Arten arbeiten völlig verschleißfrei, da hier die Bewegungsenergie durch elektromagnetische Induktion in Wärme oder Nutzstrom umgesetzt wird. Elektrodynamische Bremsen sind betriebssicher und rasch wirkend. Sie sind hauptsächlich für Schienenfahrzeuge und Hebezeuge entwickelt worden. In letzter Zeit sind sie aber auch schon als Zusatzbremsen an Lastkraftwagen erprobt worden.

Bei der generatorischen Bremse werden die Elektromotoren vom Netz ab- und auf einen Widerstand geschaltet. Der Motor läuft nun als Generator weiter und verwandelt die kinetische Energie in elektrischen Strom, der entweder in Wärme freigesetzt wird oder mit Hilfe der modernen Thyristortechnik durch Nutzbremsung wieder ins Netz zurückgeliefert wird, sofern das Netz aufnahmefähig ist. Im Zeichen zunehmender Energieverknappung ist die Nutzbremstechnik sehr aktuell geworden.

Bei der Gegenstrombremse wird dem Motor Strom in umgekehrter Richtung zugeführt, so daß er in Gegenrichtung angetrieben wird und rasch zum Stillstand kommt. Diese Bremsung wird bei Straßenbahnen in Gefahr angewandt.

Die dritte Möglichkeit ist die, eine mit der abzubremsenden Welle drehfest verbundenen Scheibe zwischen zwei Elektromagneten laufen zu lassen, wobei beim Bremsvorgang Wirbelströme induziert werden, die die Magneten mitzunehmen suchen und daher bremsend wirken. Dabei entsteht Wärme. Besonderer Vorteil der Wirbelstrombremse ist, daß sie beim Fahren die Radachse mit dem vollen Bremsmoment belastet, jedoch nicht von der Funktionstüchtigkeit des Getriebes abhängig ist. Die Wirbelstrombremse in Verbindung mit einer entsprechenden Wirbelstromkupplung eignet sich vorzüglich für die stufenlose Geschwindigkeitsregulierung im Kranbetrieb (Bild 5.20). Ein elektronischer Kreis kontrolliert den Schlupf der Wirbelstromkupplung und Bremse entsprechend der mittels des Hebels am Steuerschalter eingestellten Geschwindigkeit.

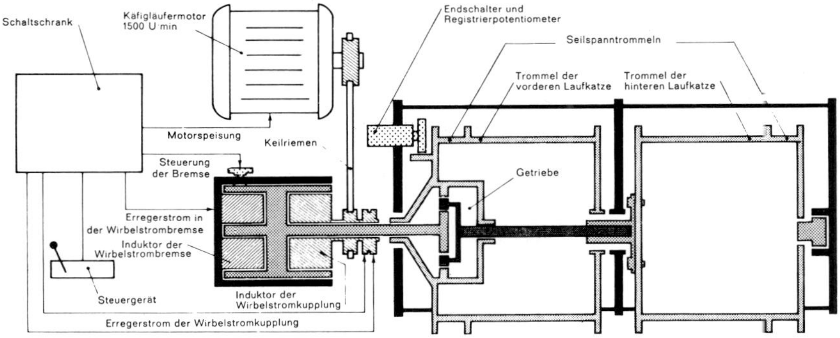

Bild 5.20 Laufkatzwerk eines Turmdrehkrans mit Wirbelstrom-Bremse und -Kupplung (Fa. Potain, Walldorf)

5.6 Berechnungsbeispiel

Ein vollbeladener Scraper (65,8 t) fährt mit 45 km/h einen Abhang mit 10% Gefälle hinunter. Welche Wärmemenge (in Joule) wird freigesetzt, wenn der Fahrer beim Bremsen das Gerät nach 100,5 m zum Stillstand bringt?
Wie groß ist die Bremsleistung, wenn dazu 16,8 Sekunden benötigt werden?

Lösung:

Gefälle 10%

$l^2 = (10 \cdot h)^2 + h^2$

$h = 10 \text{ m}$

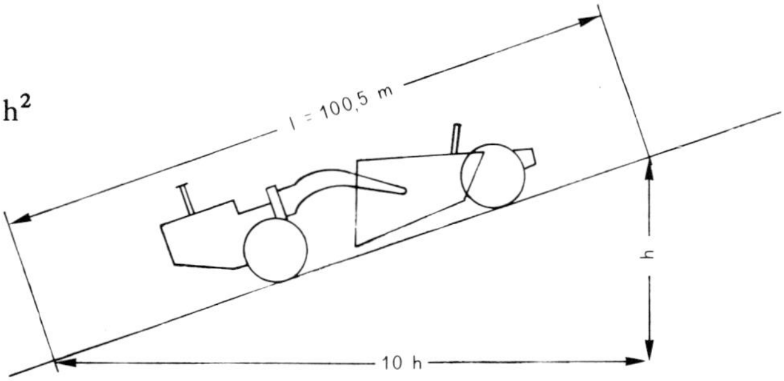

Bremswärme

$$E = m\left(\frac{v^2}{2} + g \cdot h\right)$$

$$E = \left(\frac{45^2 \cdot 10^6\ m^2}{2 \cdot 3600^2\ s^2} + 9{,}81\ m/s^2 \cdot 10\ m\right)\ 65{,}8 \cdot 10^3\ kg$$

$$\underline{\underline{E = 11.596\ kJ}}$$

Bremsleistung

$$N = \frac{E}{t} = \frac{11.596\ kJ}{16{,}8\ s} = 690{,}2\ kW$$

5.7 Literatur, Normen

[1] BÖHM, D. – ERNST, L. – RÜGGEN, W. Federbelastete Sicherheitsbremsen für Schiffswinden-Antriebe, Hansa, Zeitschr. für Hafenbau und Umschlagstechnik Heft 21/1971

[2] DENZIN, P. Leitfaden der Bremstechnik VEB Verlag für Verkehrswesen Berlin 1969

[3] HASE, R. Sind Verhalten und Leistung von Bremsbelag und Bremsscheibe beeinflußbar? Deutsche Hebe- und Fördertechnik dhf 10/77 S. (490) 43

[4] REINFELD, H. Wirbelstrombremse für Kraftfahrzeuge, Verkehr und Technik 1963 Nr. 3 S. 62, Nr. 4 S. 105 und 114

[5] SANDER, K. – OTTO, A. Die Strömungsbremse im Nutzfahrzeug, Baumaschinendienst 5/1967, S. 214

[6] SANDER, K. – OTTO, A. Abnutzungsfreie Dauerbremsen für Schwerlastfahrzeuge und selbstfahrende Baumaschinen BMT 2/1967 S. 79

[7] – – KNORR-BREMSE-Handbuch – Bremstechnische Begriffe und Werte für Nutzfahrzeuge 1976

[8] – – Hydrodynamische Getriebe, Kupplungen und Bremsen, Herausgeber: Voith Getriebe KG, Heidenheim Otto Krausskopf-Verlag GmbH 1970

DIN 15435 Teil 1 Krane; Doppelbackenbremsen, Anschlußmaße
Teil 2 Krane; Doppelbackenbremsen, Bremsbacken
Teil 3 Krane; Doppelbackenbremsen, Bremsbeläge

DIN 74277	Teil 1	Druckluftbremsanlagen; Druckregler
	Teil 2	Druckluftbremsanlagen; Druckregeler mit Filter
DIN 74279	Druckluftbremsanlagen; Überströmventile	
DIN 74280	Druckluftbremsanlagen; Rückschlagventil	
DIN 74292	Druckluftbremsanlagen; Entwässerungsventil	
DIN 74339	Druckluftbremsanlagen; Einkreis-Bremsventil mit Trittplatte	
DIN 74352	Druckluftbremsanlagen; Elektromagnetisch betätigtes Bremsventil	

6 Drahtseile

6.1 Allgemeines

Das Seil ist von jeher ein unentbehrliches Hilfsmittel der Menschheit. Überall wo Lasten gehoben werden, befördert und versetzt werden müssen, ist das Seil vielfältig im Gebrauch, in Produktionsstätten, Montageplätzen, Umschlagbetrieben und Baustellen, bei Baggern, Kränen, Aufzügen, Schrappern und Windwerken jeder Art, aber auch bei Seilbahnen und Hängebrücken.

Man unterscheidet "laufende" Seile, die über Scheiben und Trommeln laufen, und "stehende" Seile, die zum Tragen, Führen oder Abspannen an ihren Enden fest eingespannt sind.

Drahtseile bieten als Huborgan bei Hebezeugen gegenüber den Ketten die Vorteile eines ruhigen, geschmeidigen Laufes und einer größeren Elastizität. Nachteilig ist der relativ große Durchmesser, den Seiltrommeln und -rollen haben müssen, wenn die Lebensdauer des Seiles nicht ungünstig beeinflußt werden soll. Hohe Seilqualität ist eine unerläßliche Voraussetzung für einen sicheren und wirtschaftlichen Betrieb. Es werden hohe Anforderungen in bezug auf Festigkeit, Biegsamkeit, Drallfreiheit, Verschleiß und Lebensdauer gestellt. Trotzdem sind Seile sehr sichere Bauelemente. Ein Seil reißt nicht schlagartig, außer bei extremer Überlastung. Wenn ein Einzeldraht bricht, übernehmen die anderen Drähte seinen Anteil. In einiger Entfernung von der Bruchstelle trägt auch dieser Draht wieder voll. Der jeweilige Zustand eines Seiles kann an Hand der Anzahl gebrochener Einzeldrähte gut überwacht werden.

Für Seiltriebe gilt die Eytelwein'sche Beziehung entsprechend Bild 6.1. Ziel der Seilberechnung ist die ausreichende Lebensdauer. Diese hängt ab von der Betriebsweise, der Beanspruchung auf Zug, Biegung und Pressung, der Drahtqualität und nicht zuletzt von der Schmierung. Man unterscheidet von der Betriebsweise her Triebwerksgruppen, die sich nach Laufzeitklassen und Lastkollektiven einstufen lassen.

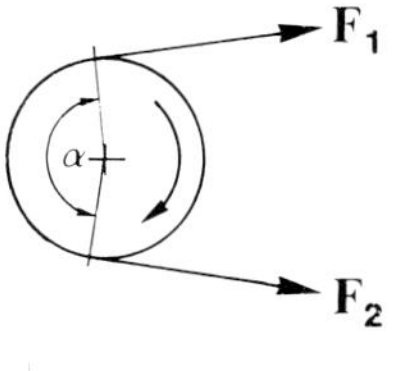

$$F_1 = F_2 \, e^{\mu \alpha}$$

μ = Reibungsbeiwert

α = Umschlingungswinkel im Bogenmaß

Bild 6.1 Kräfte am Seiltrieb (Laufer)

6.2 Aufbau und Verwendung

Drahtseile werden aus Stahldraht mit einer Nennzugfestigkeit von 1570, 1770 und 1960 N/mm^2 in blanker oder verzinkter Ausführung hergestellt. Die Drähte werden zuerst auf ca. 5 mm Durchmesser warm heruntergewalzt. Jede weitere Querschnittsverminderung erfolgt in Stufen durch Kaltverformen, das sog. "Ziehen", das dem Drahtmaterial die hohe Festigkeit gibt. Die einzelnen Drähte werden mit Verseilmaschinen zu Litzen (Bild 6.2) geschlagen, die Litzen wiederum zu Seilen. Im Innern des Seiles befindet sich die Seele aus Hanf oder Kunstfasern. Die Seele sorgt für eine geordnete Lage der Litzen und bietet diesen ein weiches Auflagekissen. Sie ist mit Spezialschmiermittel getränkt und stellt für das Seil einen Schmiermittelspeicher dar. Zudem fördert sie die Elastizität und genügt der bleibenden Dehnung. Die Litzen sollen sich gegenseitig keineswegs zwängen. Daher ist es durchaus

Bild 6.2 Ein Seil wird geschlagen (Werkfoto: Westfälische Union AG, Hamm)

zulässig, ja von Vorteil, wenn bei einem neuen Seil in unbelastetem Zustand die Seele zwischen den Litzen geringfügig sichtbar ist. Natürlich können die üblichen Seile auch mit einer Stahlseele ausgerüstet sein. Diese besitzen eine weit geringere Dehnung und Elastizität, dafür aber erhöhte Widerstandsfähigkeit gegen Querpressung.

Drahtseile werden im **Gleichschlag** oder **Kreuzschlag** hergestellt. Unter Gleichschlag versteht man solche Seile, bei denen sowohl Drähte als auch Litzen im gleichen Sinne gedreht sind. Beim Kreuzschlag ist es umgekehrt. Hier ist die Schlagrichtung der Drähte in den Litzen entgegengesetzt der Schlagrichtung der Litzen im Drahtseil (Bild 6.3). Die unterschiedlichen Schlagarten zeigen auch unterschiedliche Betriebseigenschaften. Während Kreuzschlagseile geringere Neigung zum Aufdrehen unter Last zeigen und auch geringere Dehnung haben, wird den Gleichschlagseilen größere Haltbarkeit zugeschrieben. Der Grund ist darin zu suchen, daß sich die Einzeldrähte im einen Falle überkreuzen und daher punktförmig belastet werden, während sie sich im anderen Falle linienförmig in Längsrichtung aneinanderschmiegen.

Die Schlagrichtung kann linksgängig oder rechtsgängig sein und wird mit den großen Buchstaben S und Z für die Litzen bzw. mit den kleinen Buchstaben s und z für die Drähte gekennzeichnet (Bild 6.4).

Kreuzschlag	Gleichschlag
Drähte in den Litzen haben entgegengesetzte Schlagrichtung wie die Litzen im Seil.	Drähte in den Litzen und Litzen im Seil haben gleiche Schlagrichtung

rechtsgängig (Z) linksgängig (S) rechtsgängig (Z) linksgängig (S)

Eigenschaften

Kreuzschlag	Gleichschlag
neigen nicht zum Aufdrehen geringere Dehnung	hohe Biegsamkeit geringe Flächenpressung, daher bessere Auflage in den Rillen der Seilrollen und -trommeln hohe Lebensdauer

Verwendung

Kreuzschlag	Gleichschlag
Kräne Aufzüge generell bei freischwebenden Lasten	Seilbagger Schrapper Aufzüge beide Enden drehstarr, d.h. Last muß geführt werden oder an 2 getrennten Seilen aufgehängt sein

Bild 6.3 (Laufer)

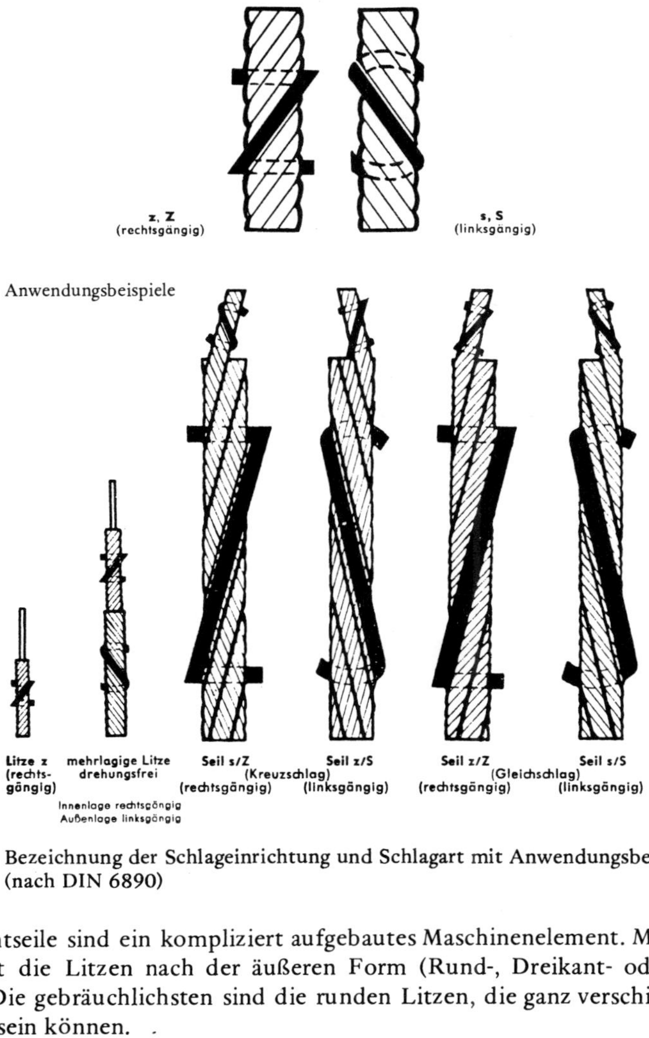

Bild 6.4 Bezeichnung der Schlageinrichtung und Schlagart mit Anwendungsbeispielen (nach DIN 6890)

Drahtseile sind ein kompliziert aufgebautes Maschinenelement. Man unterscheidet die Litzen nach der äußeren Form (Rund-, Dreikant- oder Flachlitze). Die gebräuchlichsten sind die runden Litzen, die ganz verschieden aufgebaut sein können.

Die Konstruktion des Seiles wird in der Fachsprache als Machart bezeichnet. Die verschiedenen Macharten sind genormt. Ein Seil ist umso geschmeidiger, je mehr Einzeldrähte kleinen Durchmessers hineingepackt werden.

Das einfachste Seil ist eine Litze und besteht aus 7 Drähten gleicher Dicke, wobei 6 Drähte um den zentralen Herzdraht geschlagen sind (**Normalschlag**). Es kann noch eine 2. Lage mit 12 Drähten bzw. eine 3. Lage mit 18 Drähten aufgebracht werden. Die gleichdicken Drähte aller Lagen haben den gleichen Schlagwinkel, jedoch verschiedene Schlaglänge. Dadurch wird theoretisch in allen Drähten die gleiche Zugbeanspruchung erreicht. Normalerweise

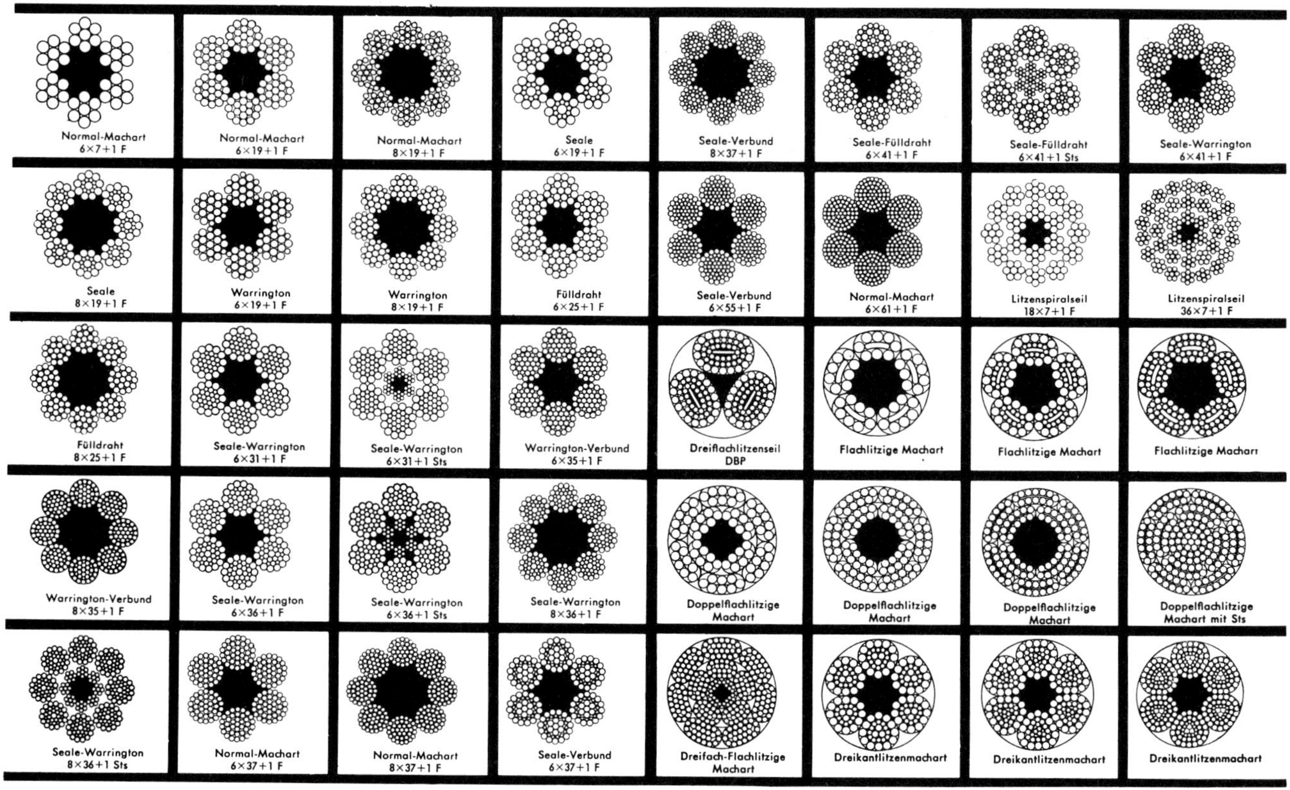

Bild 6.5 Ausführungsmöglichkeiten bei Drahtseilen, F = Fasereinlage, Sts = Stahlseele (Westfälische Union AG, Hamm)

sind 6 Litzen gleicher Machart um eine Hanfseele oder Stahllitze geschlagen. Es gibt aber auch Ausführungen mit 5, 7 oder 8 Litzen. Die Seele dient als Träger des außerordentlich wichtigen Schmiermittels.

Eine andere Machart mit vielen Ausführungsmöglichkeiten ist der sog. **Parallelschlag.** Hier gehören die **Seale-**, die **Warrington-** und die **Fülldraht-Machart.** Der grundsätzliche Unterschied zur Normalmachart besteht in der Verwendung von Drähten mit verschiedenen Durchmessern. Hierdurch werden spezielle Vorteile erreicht hinsichtlich der Abriebfestigkeit der Außenlage, der Auflagefläche bzw. der Lebensdauer usw.

Die zahlreichen Ausführungsmöglichkeiten zeigt Bild 6.5. Die Unterschiede liegen in der Kombination bei der Wahl der Anzahl und Dicke der Einzeldrähte, der Schlagrichtung, der Schlaglänge bzw. des Schlagwinkels, der Anzahl der Drahtlagen und der Anzahl der Litzen. Besondere Erwähnung verdienen die Sondermacharten wie Flachlitzen-Seile und verschlossene Seile.

Flachlitzige Seile schmiegen sich durch die flache Lagerung der Drähte an der Außenseite dem Rillenprofil der Trommeln und Seilscheiben besser an als Rundseile, was sich hinsichtlich des Verschleißes besonders günstig auswirkt.

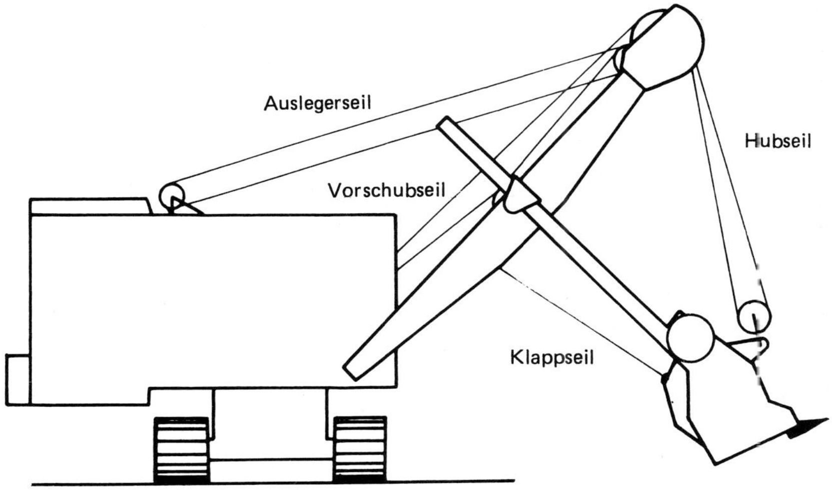

Bild 6.6 Anwendungsbeispiel: Seilführung beim Hochlöffel-Seilbagger (Laufer)

Verschlossene Seile bestehen aus einer mehrlagigen Litze aus gleichdicken Runddrähten, umgeben mit einer oder mehreren Lagen Formdrähten (Bild 6.7). Das geschlossene Ineinandergreifen der Formdrähte der Außenlage verhindert in Verbindung mit einer sachgemäßen Innenimprägnierung der Seile das Eindringen von Feuchtigkeit und schaltet hierdurch eine innere Zerstörung durch Korrosion aus. Die glatte Oberfläche macht das verschlos-

Tabelle 6.1 Übersicht Drahtseil-Macharten

	Macharten					
	Normal-	Parallel-			Sonder-	
		Seale-	Warrington-	Fülldraht-	verschlossene-	Flachlitzen-
Litzen-Machart	gleichdicke Drähte in allen Lagen, gleiche Schlagwinkel, jedoch verschiedene Schlaglängen in den einzelnen Lagen	Drähte aller Lagen liegen parallel und berühren sich entlang einer Mantellinie – gleiche Schlaglänge aber ungleiche Schlagwinkel in den einzelnen Lagen – Verwendung von Drähten mit ungleichen Durchmessern			Kern aus mehreren Lagen gleichdicker Runddrähte, umgeben von einer oder mehreren Lagen Formdrähte	Runddrähte sind in einer oder mehreren Lagen um eine Fasereinlage oder einem Flachdraht so angeordnet, daß die Litze einen flachen Querschnitt hat
		abwechselnd Lagen mit dünnen und Lagen mit dicken Drähten	ab der 2. Lage dicke und dünne Drähte gemischt	innerhalb jeder Drahtlage sind die Durchmesser gleich – in den Lücken zwischen den Drahtlagen befinden sich dünne Fülldrähte		
1. Lage:	6 Drähte	9 dünne Drähte	6 Drähte			
2. Lage:	12 Drähte	9 dicke Drähte	6 dicke +			
3. Lage:	18 Drähte		+ 6 dünne Drähte			

Ausführungs-Beispiele	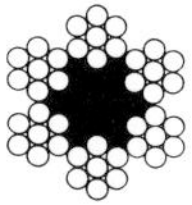 6x7=42 Drähte	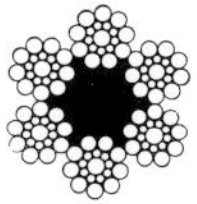 6x19(1+9+9) = = 114	 6x19(1+6+6+6)= = 114	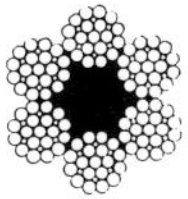 6x25(1+6+6+12)= = 150	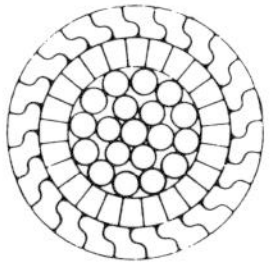 1 Lage Profildrähte 1 Lage Keildrähte und Runddrahtkern	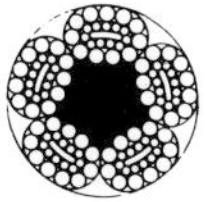 5 Litzen je aus 1 Flachdraht 2 Lagen je zu 11 Runddrähten
Eigenschaften	gleiche Zugbeanspruchung der Drähte in allen Lagen geringe Biegefähigkeit	geringe Dehnung, große Auflagefläche, gute Abriebfestigkeit in der Außenlage, gute Biegefähigkeit			glatte Oberfläche, korrosionsbeständig, höchste Tragfähigkeit bei kleinstem Durchmesser	Drähte schmiegen sich dem Rillenprofil der Seilscheibe besonders gut an, dadurch geringer Verschleiß
Anwendung	für normal beanspruchte Anlagen, Zugseile für Seilbahnen; Anwendung; Bagger, Krane; Winden; Abspannseile, Hebezeuge	für Anlagen mit starker Seilbelastung Aufzüge, Krane, Bagger, Schrapper, Winden, Zugseile für Seilbahnen			für höchste Beanspruchung: Seilbahnen; Kabelbagger; Hängebrücken; Führungsseile; Zugelemente für Spezialzwecke	Aufzüge Turmdrehkrane

sene Seil zu einer idealen Laufschiene für Seilbahnwagen. Die Tragrollen haben einen erschütterungsfreien und geräuscharmen Lauf. Die Reibung zwischen Rolle und Seil und der damit verbundene Verschleiß werden auf ein Mindestmaß herabgesetzt. Die geschlossene Oberfläche verhindert bei Bruch von Einzeldrähten im Innern das Herausfedern der Bruchenden, die bei normalen Seilen erhebliche Betriebsstörungen verursachen können. Verschlossene Seile werden außerdem als Tragseile für Kabelbagger verwendet, aber auch als Spannseile für Hängebrücken bzw. als gewichtssparende Zugelemente für sonstige Spezialzwecke.Zur Berechnung von Hubseilen wird lediglich die Bruchlast zugrunde gelegt. Bei Tragseilen muß außer der Zugbeanspruchung noch die Biegebeanspruchung (durch Lauf über Rollen, Befahren des Seils durch Rollen der Seilbahnwagen) berücksichtigt werden. Es wird mit sechs- bis achtfacher Sicherheit gerechnet.

Bei dem vielfältigen Angebot von Drahtseilen muß eine Bestellung dahin zielen, jenes Seil auszuwählen, das die höchste Lebensdauer erreicht und damit am wirtschaftlichsten ist. Daher ist es wichtig, die notwendigen Angaben zu machen, wie

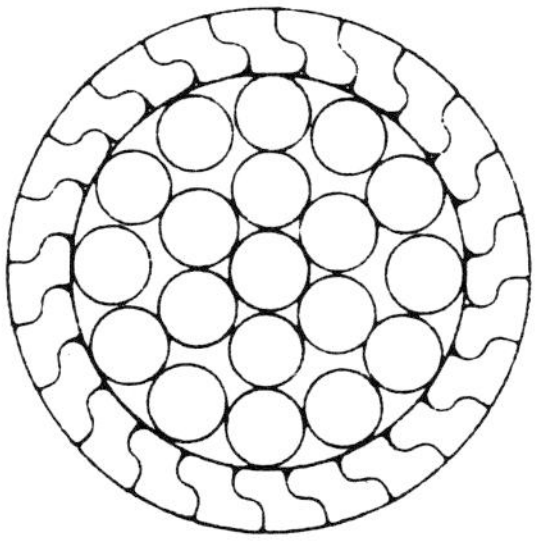

1 Lage Profildrähte
19 Runddrähte

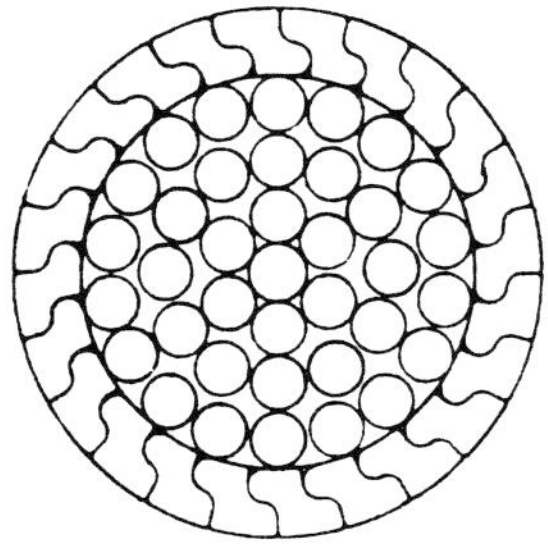

1 Lage Profildrähte
37 Runddrähte

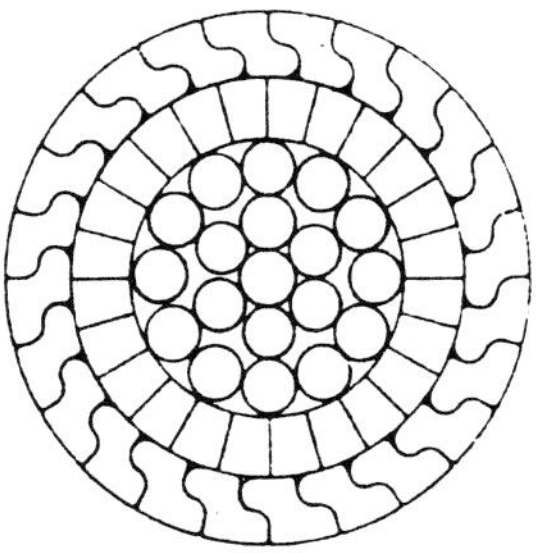

1 Lage Profildrähte
1 Lage Keildrähte
19 Runddrähte

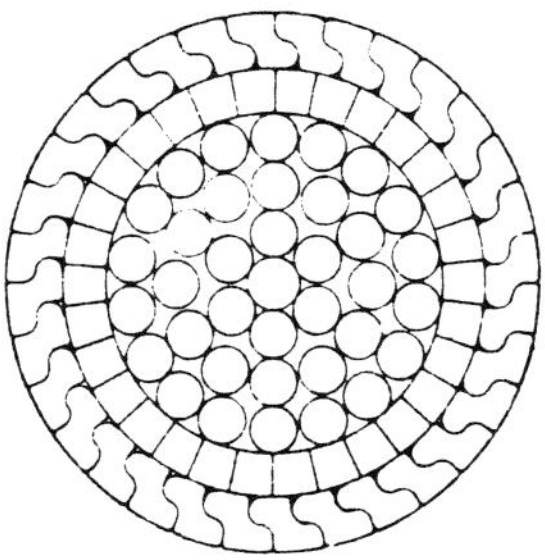

1 Lage Profildrähte
1 Lage Keildrähte
37 Runddrähte

Bild 6.7 Seilquerschnitte von Drahtseilen in verschlossener Machart (Westfälische Union AG, Hamm)

- allgemeiner Verwendungszweck (Maschinentyp, z.B. Turmdrehkran),
- detaillierte Ausrüstung (z.B. Hubseil),
- verlangte Zugkraft [kN],
- Nenndurchmesser [mm],
- Seillänge [m],
- blanke oder verzinkte Ausführung,
- Durchmesser der Trommel bzw. der Seilscheiben und
- Art der Endverbindung.

6.3 Handhabung – Pflege – Kontrolle – Sicherheit

Der Umgang mit Drahtseilen setzt wie bei jedem anderen Machinenteil eine sachgemäße Handhabung voraus. Dies setzt bereits bei der Anlieferung eines neuen Teils ein. Es ist darauf zu achten, daß der Seilbund oder die Trommel nicht einfach vom Transportfahrzeug heruntergeworfen wird. Dabei können die Außenlagen Beschädigungen erleiden, die nicht wieder gutzumachen sind.

6.3.1 Lagerung, Auf- und Abrollen

Seilbunde sollen witterungsgeschützt auf Holzbalken lagern. Beim Abrollen des Seils und beim Einbau in den Seilbetrieb muß Schlingenbildung unbedingt vermieden werden. Jede zugezogene Schlinge mindert die Festigkeit des Seils um 15 bis 20% (Bild 6.8). Hat sich erst mal eine Schlinge gebildet, darf sie auf keinen Fall durch Spannung aus dem Seil herausgezogen, sondern muß im lockeren Zustand herausgedreht und geradegebogen werden. Jede zusätzliche Drehung sowohl in zudrehendem als auch in aufdrehendem Sinne setzt den Gebrauchswert des Seiles herab. Während des Auf- oder Abrollvorganges soll zur Vermeidung von Schlaffseilbildung das Seil stets gestrafft sein.

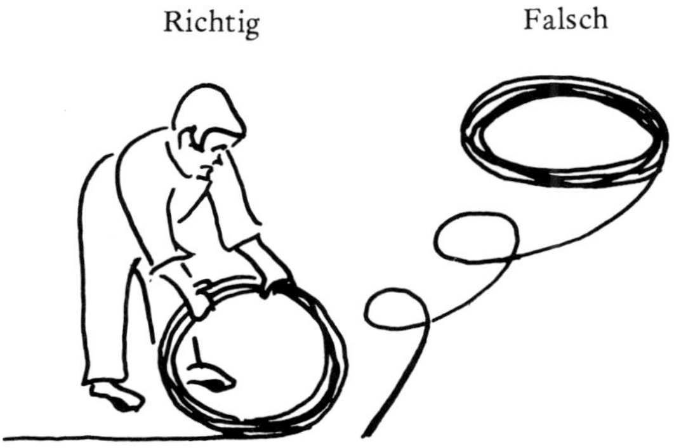

Bild 6.8 Abrollen eines Drahtseils (Laufer)

Vor jedem Auflegen eines neuen Drahtseiles ist darauf zu achten, daß die Rillen in den Seiltrommeln und -scheiben zum Seildurchmesser passen. Sie dürfen wegen des sonst übermäßig auftretenden Seilverschleißes weder zu groß noch zu klein sein. Der Rillenradius soll etwa 50% größer als der Seilradius sein. Stark abgenutzte Seilscheiben sollten daher rechtzeitig ausgetauscht werden.

Für normal beanspruchte Anlagen wird die Normal-Machart verwendet. Als Faustformel gilt D = 500 x d, worin D den kleinsten Rollendurchmesser und d den Drahtdurchmesser bedeuten. Bei stark belasteten Anlagen kommen Parallelschlagseile oder Sondermacharten zum Einsatz. Diese Seile eigenen sich für etwas kleinere Rollendurchmesser, etwa nach der Faustformel D = 300 bis 350 x d, worin d der große Drahtdurchmesser in der äußeren Drahtlage bedeutet.

6.3.2 Schmierung

Drahtseile müssen in regelmäßigen Zeitabständen kontrolliert und nachgeschmiert werden. Dies ist das beste Vorbeugungsmittel gegen vorzeitigen Verschleiß neben richtig gewählter Seilkonstruktion und einwandfreien Betriebsverhältnissen. Dabei muß das benutzte Schmiermittel ins Seilinnere eindringen können und mit den schon im Drahtseil vorhandenen Schmiermitteln verträglich sein. Bei guter Schmierung kann die Lebensdauer eines Seiles bis um das Zehnfache der Lebensdauer eines ungeschmierten Seiles gesteigert werden. Auch können die Drahtbrüche bei regelmäßiger Pflege besser festgestellt und gebrochene Drähte durch Hin- und Herbiegen entfernt werden. Nur so ist zu verhindern, daß sich die Drahtenden umlegen und benachbarte Drähte abdrücken, wodurch die sogenannten Drahtbruchnester entstehen, die eine ernste Gefahr für die Seilsicherheit darstellen.

Drahtseile für Bagger, Kräne, Winden, Flaschenzüge und ähnliche Zwecke werden im allgemeinen gut gefettet geliefert. Es darf jedoch nicht vergessen werden, diese Imprägnierung in gewissen Zeitabständen zu wiederholen, besonders dann, wenn die Seile im Freien arbeiten.

6.3.3 Schäden, Verschleiß

Man unterscheidet zwischen Gewalt- und Dauerbrüchen der Seildrähte. Gewaltbrüche entstehen durch Überlastungen, ruckartige Beanspruchungen usw. Drähte, die hierdurch gebrochen sind, weisen eine stumpfe Einschnürung am Bruchende auf.

Dauerbrüche sind Folgeerscheinungen normalen Seilverschleißes. Für die Sicherheit ausschlaggebend ist die Anzahl der Drahtbrüche innerhalb einer bestimmten Seilzone. Die Seile sind auszuwechseln, wenn an der schlechtesten Stelle ein bestimmter Anteil der sichtbaren Drähte gebrochen sind. Beispielsweise bei einem Kreuzschlagseil mit 6 Litzen zu je 37 Drähten wäre das Seil dann abzulegen, wenn auf einer Länge, die dem sechsfachen Durchmesser entspricht, 30 Drahtbrüche sichtbar sind, bzw. wenn auf einer

Länge, die dem dreißigfachen Durchmesser entspricht, 60 Drahtbrüche sichtbar sind. Ein Gleichschlagseil ist abzulegen, wenn bei den angegebenen Längen 10 bzw. 20 Drahtbrüche sichtbar sind. In jedem Fall ist das Seil abzulegen, wenn eine Litze gebrochen ist. Die Ablegereife von Drahtseilen aufgrund von Drahtbrüchen ist nach DIN 15020 genormt.

Bei einer Verminderung des Seildurchmessers gegenüber dem Nennmaß von mehr als 10% infolge von Abrieb, muß das Seil ebenfalls abgelegt werden, auch wenn keine Drahtbrüche festgestellt werden.

Die Betriebssicherheit ganz allgemein bzw. die Ablegereife von Drahtseilen kann nach folgenden Kriterien beurteilt werden:

- Art und Anzahl der Drahtbrüche,
- Lage der Drahtbrüche.
- zeitliche Folge des Auftretens von Drahtbrüchen,
- Verringerung des Seildurchmessers während der Betriebszeit
- Korrosion,
- Abrieb,
- Seilverformungen,
- Hitzeeinwirkung und
- Aufliegezeit.

Was Verformungen, wie korkenzieherartige Verformungen, Knicke, Schlaufen, Einschnürungen, Lockerung einzelner Drähte usw., des Drahtseils anbelangt, so sind dies sichtbare Veränderungen im Seilverband und geben dem Fachmann wertvollen Aufschluß über den Zustand des Seils.

6.3.4 Beanspruchungsgrenzen

Aus Sicherheitsgründen darf ein Seil natürlich nicht bis an die Grenze seiner Tragfähigkeit belastet werden. Die Nennfestigkeit ist die rechnerische Bruchlast, die auf den metallischen Querschnitt bezogen ist. Die tatsächliche Bruchlast ist infolge des sog. Verseilverlustes geringer und kann nur experimentell ermittelt werden. Die Seildrähte werden nicht nur durch die von der ange-

Tabelle 6.2 Zusammenstellung typischer Sicherheitskennzahlen für einige Anwendungsfälle

Seilart	Art der Wechselbeanspruchung				erwartete Lebensdauer	Sicherheitskennzahl
	Zug	Hertzsche Spannung	Biegung	Lastwechseldichte		
Brückenseile	klein	klein	klein	klein	unbegrenzt	2 bis 2,5
Tragseile von Personen-Seilbahnen	klein	klein	klein	gewöhnlich	Jahrzehnte	3,5
Kranseile, Baggerseile	groß	groß	groß	klein bis groß	Wochen bis J.	3,5 bis 10
Aufzugseile	klein	groß	klein	groß	Jahre	8 bis 14

hängten Last herrührenden Seilzugkraft beansprucht. Bedingt durch die Art der Verseilung sind in den Drähten Spannungen komplexer Art zusätzlich wirksam. Wird das Seil noch zusätzlich gebogen, wie das beim Lauf über Trommeln und Scheiben der Fall ist, oder bei Anschlagseilen durch Umschlingung von Lasten, Lasthaken usw., dann treten Biege- und Querbeanspruchungen hinzu, die von Fall zu Fall verschieden sind und es unmöglich machen, die Gesamtbeanspruchung zu errechnen. Es ist ein weitverbreiteter Irrtum, wenn angenommen wird, daß bei voller Ausnutzung der zulässigen Belastung noch ein Vielfaches an Sicherheit gegeben sei. Eine Überschreitung der zulässigen Tragkraft ist daher stets mit Gefahr verbunden.

Auch die Betriebsweise von Seilen ist für die Seilbemessung, die Lebensdauer und die Sicherheit von ausschlaggebender Bedeutung. Man arbeitet mit Sicherheitskennzahlen, die durch Versuche und praktische Erfahrung festgelegt werden, wobei die mit dem Seil zusammenwirkenden Teile wie Scheiben, Trommeln und Verbindungen berücksichtigt werden müssen. Für einige Anwendungsfälle sind in Tabelle 6.2 die Sicherheitskennzahlen zusammengestellt.

Gemäß DIN 15020 unterscheidet man mehrere Triebwerksgruppen. Für die Einstufung ist die mittlere Laufzeit je Tag, bezogen auf ein Jahr maßgebend, sowie die relative Höhe der Belastung bzw. die Häufigkeit der Vollast.

6.4 Lastaufnahmeeinrichtungen

Zu den Lastaufnahmeeinrichtungen gehören nach der Definition des Fachausschusses "Fördermittel und Lastaufnahmemittel":

Tragmittel)
Anschlagmittel) = Lastaufnahme-Einrichtungen
Lastaufnahmemittel)

Tragmittel sind zum Hebezeug gehörende Hubeinrichtungen zum Aufnehmen der Last bzw. des Anschlag- oder Lastaufnahmemittels, wie z.B. Kranhaken, Greifer, Zangen usw. (Bild 6.9).

Anschlagmittel sind nicht Bestandteil des Hebezeuges. Unter Anschlagen versteht man das Befestigen der Nutzlast bzw. des Lastaufnahmemittels am Tragmittel. Demnach bezeichnet man als Anschlagmittel das Verbindungsstück zwischen Tragmittel und Last, mit oder ohne Zwischenschaltung von Lastaufnahmemitteln. Die Möglichkeiten des Anschlagens mit Anschlagseilen bzw. mit Krangehängen zeigt Bild 6.10. Ähnliches gilt für Anschlagketten. Der Spreizwinkel zwischen den Schenkeln des Anschlagmittels beeinträchtigt als wesentlicher Faktor die Tragfähigkeit des Anschlagmittels und darf 120° nicht überschreiten (Bild 6.11). Für Lasten, die sich beim normalen Heben im ausgesprochenen Zustand des Ungleichgewichts befänden, werden spezielle Ausgleichsgehänge eingesetzt. Besonders im Fertigteilbau und beim

Einbau spezieller Schalungen ist es notwendig, daß das Bauelement mit einer ganz bestimmten räumlichen Ausrichtung in Position gebracht wird (Bild 6.12).

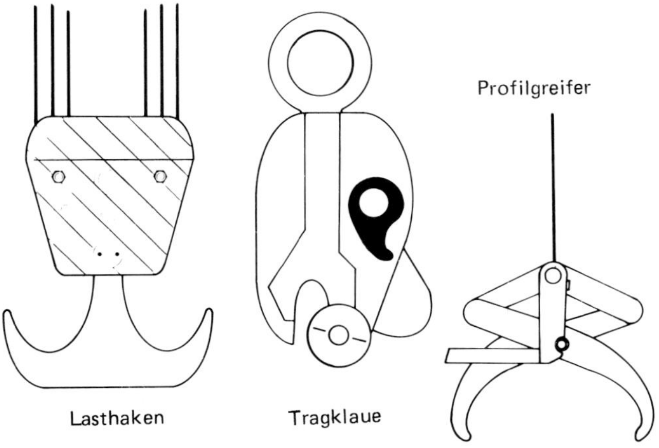

Bild 6.9 Tragmittel (Laufer)

		Einzelstrang				Endlosstrang			
		einfach		mehrfach		einfach		mehrfach	
		Aufhängung		Aufhängung		Aufhängung		Aufhängung	
		einfach	doppelt	einfach	doppelt	einfach	doppelt	einfach	doppelt
Anschlagarten	direkt				möglich		möglich	möglich	möglich
	einmal um-gelegt								
	einmal ge-schlungen								
	mehr-mals ge-schlungen				möglich				möglich

Bild 6.10 Anschlagmöglichkeiten mit Anschlagseilen bzw. Krangehängen (Pfeiffer GmbH)

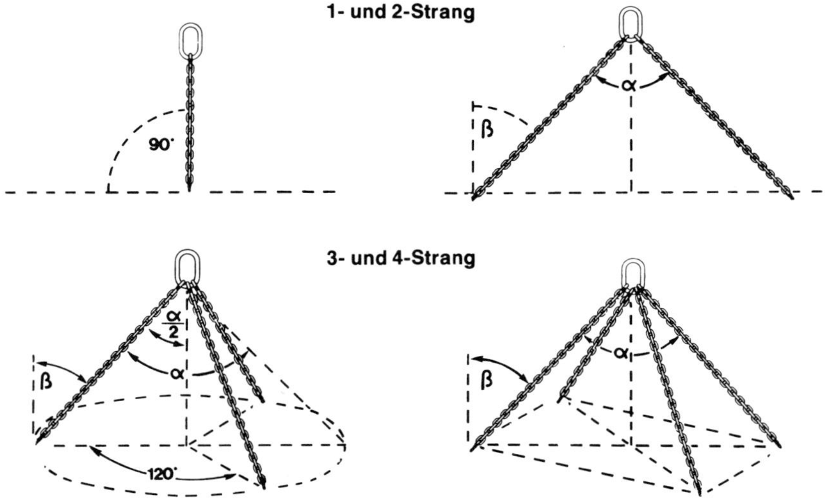

Bild 6.11 Die Winkel bei Anschlagmitteln, α = Spreizwinkel, β = Neigungswinkel (Pfeiffer GmbH)

Die Beanspruchung eines Anschlagseiles ist wesentlich höher als gemeinhin angenommen wird. Das äußerlich so unscheinbare, in seinem Aufbau aber recht komplizierte Anschlagseil bedarf sorgfältiger Behandlung und Pflege. Vor allem darf es nicht schutzlos den Kanten einer zu hebenden Last ausgesetzt werden. Die Folgen sind abgescherte und abgequetschte Drähte. Durch Beilage von speziellen Kantenschonern oder durch Beilage passender Hölzer können Beschädigungen vermieden werden. Wenn ein Anschlagseil an den Kanten der Last oder bei der Aufhängung am Lasthaken nicht mit Polstern oder Kauschen geführt und geschützt wird, fehlt ihm jegliche seitliche Stützwirkung, wie sie z.B. bei Seilrollen gegeben ist.

Die an diesen Stellen auf das Seil einwirkenden Querkräfte haben stets eine Verschiebung von Litzen und Drähten aus ihrer natürlichen Lage zur Folge.

Anschlagseile werden bei der Benutzung im Betrieb durch Verschleiß und Drahtbrüche unbrauchbar. Anschlagseile sind immer höher beansprucht als normale Kranseile. Es ist daher abzuraten, ja es wäre geradezu widersinnig, abgelegte Kranseile als Anschlagmittel zu verwenden.

Durch Bruch von Anschlagseilen passieren immer wieder schwere Unfälle, deren Ursache meist in unsachgemäßer Handhabung liegt. Es ist deshalb dringend notwendig, das Betriebspersonal ständig auf sachgemäße Handhabung und entsprechende Kontrollen aufmerksam zu machen.

Bild 6.12 Rohrlege-Gehänge (Gebr. Wanner, Ulm)

Die dritte Art von Lastaufnahmeeinrichtungen sind die sog. **Lastaufnahmemittel.** Sie sind spezielle Vorrichtungen, die der besonderen Form der Nutzlast angepaßt sind und mit dem Tragmittel (z.B. Kranhaken) verbunden werden können. Hierzu gehören Greifer, Kübel, Gehänge, Palettengeschirre, Zangen, Magnete, Vakuumheber usw.

6.5 Drahtseil-Verbindungen, -Anschlüsse, -Zubehör

Drahtseile müssen an ihren Enden gegen Aufspringen gesichert werden. Dies geschieht am einfachsten mit einer **Seilabbindung** oder auch **Bändsel** genannt, wobei mit einem Draht bzw. einer Litze durch mehrfaches Herumschlingen das Seil abgebunden wird.

Problematischer wird es, wenn die Seilenden eingespannt werden, um die volle Zugkraft zu übernehmen, wie das beispielsweise bei Kabelbahnen oder Hängebrücken der Fall ist. Hier wird das **Drahtende**, der sog. **Besen**, mit einer Zinnlegierung zu einem kegelförmigen Kopf vergossen. Die Übertragung der Zugkraft von den einzelnen Drähten auf das Gußmetall erfolgt durch dessen Haftung an der Drahtoberfläche.

Eine häufig angewandte und bei Endlosseilen die einzig mögliche Seilverbindung ist der **Spleiß**. Die beiden Drahtseilenden werden ohne Zuhilfenahme von Verbindungselementen durch Ineinanderlegen entsprechender Litzen beider Seilenden verbunden, ohne daß eine merkliche Verdickung an der gespleißten Stelle eintritt (Bild 6.13).

Bild 6.13 Seilmonteure beim Einspließen eines neuen Seilstückes in das endlose Zugseil einer Kabelbahn (Jos. Schwaiger's Wwe KG, München)

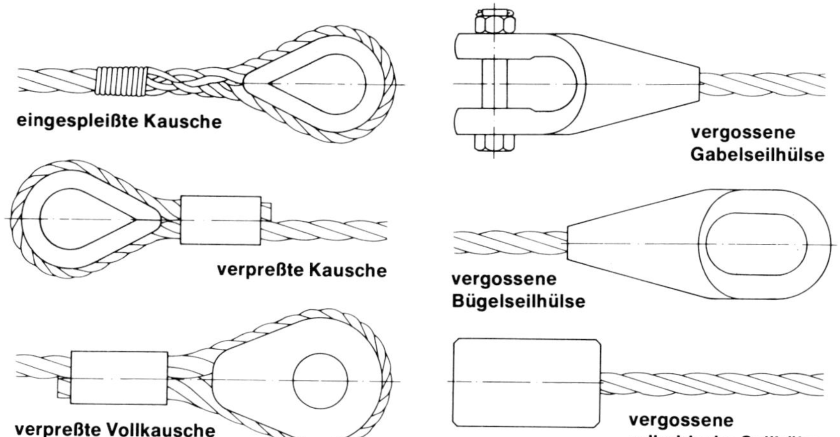

Bild 6.14 Fortsetzung nächste Seite

Bild 6.14 Fortsetzung

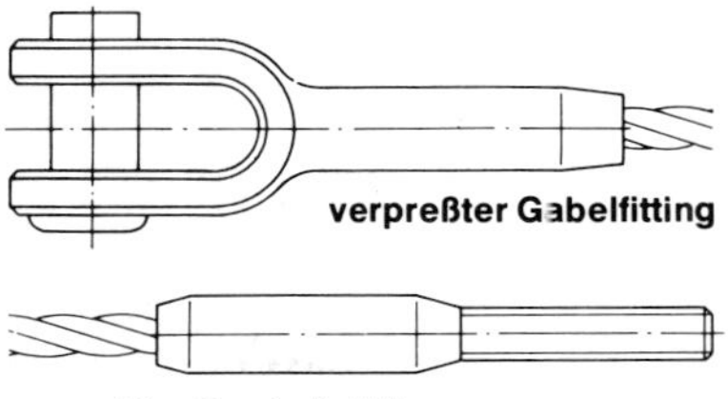

Bild 6.14 Drahtseil-Endverbindungen (Pfeiffer GmbH)

Bild 6.15 Seilschloß (Laufer)

Ringgehänge Schäkel Gleithaken Würgehaken

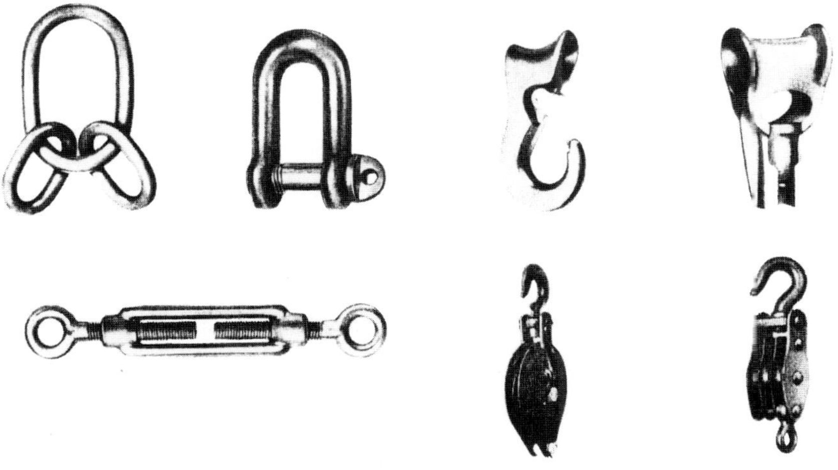

Spannschloss Ladeblock Flasche

Bild 6.16 Zubehörteile

Tabelle 6.3 Ablegereife für Anschlagseile

Seilart	Anzahl sichtbarer Drahtbrüche auf einer Länge des		
	3fachen Seil-Ø	6fachen Seil-Ø	30fachen Seil-Ø
Litzenseil	4	6	16
Kabelschlagseil	10	15	40

Die andere Alternative ist die **Klemmverbindung** mit aufgeschraubten Klemmen oder gepreßten Hülsen. Die Klemmverbindung dient in der Regel für Seilanschlüsse zur Bildung von Ösen bzw. zur Aufnahme von Kauschen usw. . . . (Bild 6.14). Schraubklemmen sind für Anschlagmittel nicht zulässig.

Eine besondere, leicht lösbare Seilendbefestigung, wie sie bei Seiltrommeln angewandt wird, ist das **Seilschloß** (Bild 6.15). Hierbei wird das Seilende um den Kern des Schlosses geschlungen und dann seitlich in den keilförmig ausgebildeten Hohlraum geschoben. Das unbelastete Seilende muß zusätzlich gegen Durchziehen gesichert werden.

Als Seil-Zubehörteile gelten: Schäkel, spezielle Ösen und Haken, Hülsen, Ladeblöcke, Flaschen, Spannschlösser usw. (Bild 6.16).

6.6 Literatur, Normen

[1] CHRISTEN, R./ Vergußköpfe – Erhöht das Umbiegen der Drahtenden die Sicherheit? In: Internationale Seilbahn-Rundschau 2/71

[2] GUT, H. Praktische Fluchtlinientafeln für das Heben von Lasten. In: BMT 9/79, S. 456

[3] KÜHN, G. Die Mechanik des Baubetriebs Teil 1 Transportmechanik. – Wiesbaden und Berlin; Bauverlag GmbH 1974

[4] MEEBOLD, R. Die Drahtseile in der Praxis, 3. Aufl. – Berlin, Göttingen, Heidelberg: Springer-Verlag 1959

[5] OPLATKA, G. Drahtbrüche in Tragseilen infolge Bildung von Reibmartensit bei Tragseilbremsung. In: DRAHT-Fachzeitschrift 9/73

[6] RITTER, W. D. Über die Belastbarkeit von Anschlagseilen aus Stahl und deren Beanspruchung in der Praxis. In: Der Maschinenschaden 2/74, S. 59

[7] STEIGER, Ch. Lastaufnahmeeinrichtungen im Hebezeugbetrieb. In: BMT 9/79, S. 450

[8] UNTERBERG, Das Verdrillen der Seilstränge bei Kranen mit großen Hakenwegen. In: Fördern und Heben 2/79, S. 90

Wichtige DIN-Normen

DIN 1142	Drahtseilklemmen für Seil-Endverbindungen bei sicherheitstechnischen Anforderungen
DIN 2078	Stahldrähte für Drahtseile
DIN 3051	Drahtseile aus Stahldrähten; Grundlagen, Übersicht
DIN 3052	Drahtseile aus Stahldrähten; Spiralseil 1 x 7
DIN 3053	Drahtseile aus Stahldrähten; Spiralseil 1 x 19
DIN 3071	Drahtseile aus Stahldrähten; Spiral-Rundlitzenseil 36 x 7, drehungsfrei
DIN 3080	Kauschen; Formstahlkauschen für Drahtseile
DIN 3088	Anschlag zum Befestigen von Lasten an Lasthaken
DIN 3091	Kauschen; Vollkauschen für Drahtseile
DIN 15003	Hebezeuge; Lastaufnahmeeinrichtungen
DIN 15020	Teil 1 Hebezeuge; Grundsätze für Seiltriebe, Berechnung und Ausführung Teil 2 Hebezeuge; Grundsätze für Seiltriebe, Überwachung im Gebrauch
DIN 15061	Krane und Serienhebezeuge; Rillenprofile für Seilrollen und Seiltrommeln
DIN 15400 E	Lasthaken für Hebezeuge; Werkstoffe und vorhandene Spannungen von Lasthaken mit Schaft
DIN 15401	Lasthaken für Hebezeuge; Einfachhaken
DIN 15402	Lasthaken für Hebezeuge; Doppelhaken
DIN 15404	Lasthaken für Hebezeuge; Technische Lieferbedingungen für geschmiedete Lasthaken und für Lamellenhaken
DIN 15405	Lasthaken für Hebezeuge; Überwachung im Gebrauch von geschmiedeten Lasthaken und von Lamellenhaken
DIN 15411	Unterflaschen; Lasthaken-Aufhängung für Elektrozüge und für Krane
DIN 15413	Lasthakenmuttern für Krane

Stichwortverzeichnis